面向 21 世纪课程教材

普通高等院校土木工程"十二五"规划教材

土木工程CAD

主　编　　刘　洋　　冯雨实

副主编　　王红梅　　黄春梅

　　　　　毛久群　　张丹丹

西南交通大学出版社

·成　都·

图书在版编目（ＣＩＰ）数据

土木工程 CAD / 刘洋，冯雨实主编. —成都：西南
交通大学出版社，2015.1
面向 21 世纪课程教材　普通高等院校土木工程"十二
五"规划教材
ISBN 978-7-5643-3728-5

Ⅰ. ①土…　Ⅱ. ①刘…　②冯…　Ⅲ.①土木工程－建
筑制图－计算机制图－AutoCAD 软件－高等学校－教材
Ⅳ. ①TU204-39

中国版本图书馆 CIP 数据核字（2015）第 027128 号

面向 21 世纪课程教材
普通高等院校土木工程"十二五"规划教材

土木工程 CAD

主编　刘 洋　冯雨实

责 任 编 辑	罗在伟
封 面 设 计	墨创文化

出 版 发 行	西南交通大学出版社 （四川省成都市金牛区交大路 146 号）
发 行 部 电 话	028-87600564　028-87600533
邮 政 编 码	610031
网 　 　 址	http://www.xnjdcbs.com
印 　 　 刷	成都中铁二局永经堂印务有限责任公司
成 品 尺 寸	185 mm×260 mm
印 　 　 张	15
字 　 　 数	373 千
版 　 　 次	2015 年 1 月第 1 版
印 　 　 次	2015 年 1 月第 1 次
书 　 　 号	ISBN 978-7-5643-3728-5
定 　 　 价	35.00 元

前　言

土木工程 CAD 是土木工程土建类专业学生的一门必修课，是从事工程设计及 CAD 应用和开发的基础。

本书是一部关于土木工程绘图实用的教程，全书以 AutoCAD 2010 中文版为基础，结合土木工程专业绘图的特点，从实用角度出发，采用"命令应用范围＋命令调用＋命令选项＋上机实践＋命令说明＋使用技巧"的编排体系，注重理论讲授、实践训练的结合，突出了应用能力与技能的培养，力求达到高职教育提倡"工学结合、理实一体"的目的。

本书的主要任务是使学生了解计算机图形系统中有关硬件配置方面的基本知识，掌握图形生成与输出的基本原理，学会图形设计的基本方法。书中所举例子全部针对建筑与路桥专业领域，并系统地介绍了该软件的主要功能及应用技巧。

本书共 10 章，分为 2 个主要部分。第 1 部分由 1、2、3、4、5 章组成，主要介绍了AutoCAD2010 基础知识、二维绘图基本命令、基本编辑命令、图层与图块；由第 2 部分由6、7、8、9、10 章组成，主要介绍了建筑施工图的绘制与路桥工程图绘制、图样输出方法等提高设计效率的方法。

此外，本书第 1、2 章由重庆能源职业学院刘洋编写；第 3、4 章由重庆能源职业学院王红梅、刘洋编写；第 5、6 章由重庆能源职业学院黄春梅、刘洋编写；第 7、8 章由重庆能源职业学院毛久群、冯雨实编写；第 9 章由重庆能源职业学院张丹丹、冯雨实编写；第 10 章由重庆能源职业学院冯雨实编写；全书由刘洋、冯雨实统稿。

限于作者的水平和经验，书中难免有不当之处，欢迎读者批评指正。

编　者

2014 年 11 月

目　录

第1章 AutoCAD 2010 的安装与设置

知识目标

- 掌握 AutoCAD 2010 的安装方法和基本操作技巧。
- 掌握直角坐标和极坐标的概念。
- 了解 AutoCAD 2010 绘图设置方法。

技能目标

- 能够掌握 AutoCAD 2010 绘图设置方法。
- 能够应用直角坐标和极坐标方法进行绘图。

学前导读

学习 AutoCAD 2010 界面基本操作、直角坐标和极坐标、图层的设置和特征点的捕捉。掌握相对直角坐标和相对极坐标的应用，图层的概念与格式设置及特征点的捕捉设定。

1.1 AutoCAD 2010 的安装

AutoCAD 2010 的安装与运行需要一定的计算机软、硬件环境。

1.1.1 AutoCAD 2010 对系统的要求

AutoCAD 2010 对用户的计算机系统有一些基本要求。

1. 操作系统

推荐采用以下操作系统之一：

Windows® XP Home 和 Professional SP2 或更高版本。

Microsoft® Windows 7 或更高版本。

2. Web 浏览器

Internet Explorer® 7.0 或更高版本。

3. 处理器

Windows XP - Intel® Pentium® 4 或 AMD Athlon^{TM} Dual Core 处理器，1.6 GHz 或更高，采用 SSE2 技术。

Windows Vista - Intel Pentium 4 或 AMD Athlon Dual Core 处理器，3.0 GHz 或更高，采用 SSE2 技术。

4. 内　存

2GB 内存。

5. 显示器

1 024 × 76 8 VGA 真彩色。

1.1.2　安装 AutoCAD 2010

AutoCAD 2010 的安装非常方便。将 AutoCAD 2010 光盘插入光驱后，双击光盘上的安装程序 setup.exe，系统将弹出如图 1-1 所示的界面。

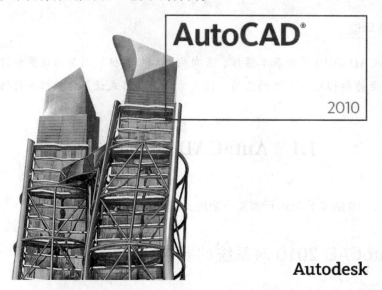

图 1-1　AutoCAD 2010 安装初始界面

在此界面中，有"安装"、"部件"、"文档"、"支持"、"网络展开"五个选项卡，默认时显示"安装"选项卡中的内容。此时如果单击"步骤 3 安装 AutoCAD 2010"中的"安装"项，即可启动 AutoCAD 2010 安装向导，开始 AutoCAD 2010 的安装。安装过程中，用户应根据安装向导对各种提示信息给予响应，步骤如下：

（1）在"欢迎使用 AutoCAD 2010 安装向导"对话框中，单击"下一步"。

（2）查看所适用国家/地区的"Autodesk 软件许可协议"，必须接受协议才能完成安装。要接受协议，则选择"我接受"，然后单击"下一步"（如果不同意协议的条款，则单击"取消"以取消安装）。

（3）在"序列号"对话框中，输入位于 AutoCAD 产品包装上的序列号，然后单击"下一步"。

（4）在"用户信息"对话框中，输入用户信息（在此输入的信息是永久性的，要确保在此输入正确信息，因为过后将无法对其进行更改，除非删除安装产品），然后单击"下一步"。

（5）在"选择安装类型"对话框中，指定所需的安装类型，然后单击"下一步"。

（6）在"目标文件夹"对话框中，可执行下列操作之一。

单击"下一步"，接受默认的目标文件夹。

输入路径或单击"浏览"，指定在其他驱动器和文件夹中安装 AutoCAD，单击"确定"，然后单击"下一步"。

（7）如果希望编辑 LISP、PGP 和 CUS 词典文件等文本文件，可在"选项"对话框中选择要使用的文本编辑器。可以接受默认编辑器，也可以从可用文本编辑器列表中选择，还可以单击"浏览"以定位未列出的文本编辑器。

在"选项"对话框中，还可以选择是否在桌面上显示 AutoCAD 快捷方式图标。默认情况下，产品图标将在桌面上显示。如果不希望显示快捷方式图标，则单击消除此单选按钮的选中状态。然后单击"下一步"。

（8）在"开始安装"对话框中，单击"下一步"，开始安装。

（9）显示"更新系统"对话框，其中显示了安装进度。安装完成后，将显示"AutoCAD 2010 安装成功"对话框。在此对话框中，单击"完成"。如果单击"完成"，将打开自述文件。自述文件包含 AutoCAD 2010 文档发布时尚未具备的信息。如果不希望查看自述文件，则单击除"自述文件"旁边的单选按钮的选中状态。

安装完成后，如有重新启动计算机的提示，则要重新启动计算机后再运行 AutoCAD 程序。现在用户就可以注册产品然后使用此程序了。要注册产品，启动 AutoCAD 并按照屏幕上的说明操作即可。

1.2　AutoCAD 2010 基本操作

本节将介绍 AutoCAD 2010 系统的启动与退出、文件操作以及图形的查看方法等。

1.2.1　AutoCAD 的启动

在默认情况下，安装完 AutoCAD 2010 后将自动在桌面上生成一个快捷方式图标，在"开始"菜单中也有对应的子菜单，执行下面三个操作之一就可以启动 AutoCAD 2010。

- 双击桌面图标。
- 单击"开始" / "程序" / "AutoCAD 2010" / "ACAD"选项。
- 找到 AutoCAD 2010 的可执行文件 ACAD. EXE，直接双击。

启动后的初始界面如图 1-2 所示。

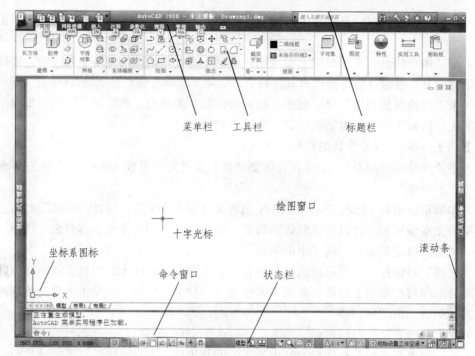

图 1-2　AutoCAD 2010 工作界面

1.2.2　AutoCAD 2010 的界面介绍

AutoCAD 2010 的界面主要由标题栏、菜单栏、各种工具栏、绘图窗口、十字光标、坐标系图标、滚动条、选项卡控制栏、命令窗口、状态栏等组成。在默认设置下，启动 AutoCAD 2010 后还会显示出工具选项板。

1.　标题栏

标题栏位于工作界面的最上方，和一般的软件标题栏相似，其左端显示软件的图标、名称、版本级别以及当前图形的文件名称，右端的 █ ─ □ × 按钮，可以用来最小化、最大化或者关闭 AutoCAD 2010 的工作界面。

2.　菜单栏

菜单栏位于标题栏的下方，包括"文件"、"编辑"、"视图"、"插入"、"格式"、"工具"、"绘图"、"标注"、"修改"、"窗口"和"帮助"十一个主菜单项。单击任一主菜单项，屏幕将弹出其下拉菜单，利用下拉菜单可以执行 AutoCAD 2010 的绝大部分命令。

3.　工具栏

AutoCAD 2010 输入命令的另一种方式是利用工具栏，单击其上的命令按钮，即可执行相应的命令。将光标移动到工具栏图标上停留片刻，图标旁边会出现相应的命令提示，同时在状态栏中显示该命令的功能介绍。

AutoCAD 2010 提供了众多的工具栏，默认状态下，其工作界面只显示了"标准"、"样式"、"图层"、"对象特性"、"绘图"和"修改"六个工具栏。用户可以根据需要调用其他工具栏，具体方法是通过下拉菜单选择"视图"/"工具栏"选项，屏幕将弹出"自定义"对话框，如图 1-3 所示。

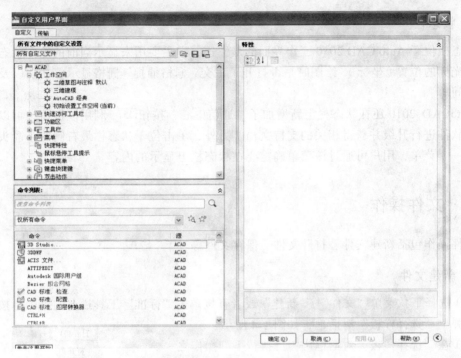

图 1-3　"自定义"对话框

在"工具栏"选项卡左侧的"工具栏"窗口中单击相应选项，可以弹出或关闭相应的工具栏。在选项卡中还能对工具栏进行新建、重命名、删除等管理工作。

另外，用户还可以用鼠标拖动工具栏至合适的位置。

4. 绘图窗口、十字光标、坐标系图标. 滚动条

绘图窗口是用户利用 AutoCAD 2010 绘制图形的区域，类似于手工绘图时的图纸。

绘图窗口内有一十字光标，随鼠标的移动而移动，其位置不同，形状亦不相同，这样就可以反映不同的操作。它主要用于执行绘图、选择对象等操作。

绘图窗口的左下角是坐标系图标，它主要用来显示当前使用的坐标系及坐标的方向。用户可以将该图标关掉，即不显示它。

滚动条位于绘图窗口的右侧和底边，单击并拖动滚动条，可以使图样沿水平或竖直方向移动。

5. 命令窗口

命令窗口位于绘图窗口的下方，主要用来接受用户输入的命令和显示 AutoCAD 2010 系统的提示信息。默认情况下，命令窗口只显示最后三行所执行的命令或提示信息。若想查看以前输入的命令或提示信息，可以单击命令窗口的上边缘并向上拖动，或在键盘上按下<F2>快捷键，屏幕上将弹出"AutoCAD 文本窗口"对话框。

命令窗口中位于最下面的行称为命令行。执行某一命令的过程中，AutoCAD 2010 要在

此行给出提示信息，以提示用户当前应进行的响应。当命令行上只有"命令:"提示时，可通过键盘输入新的 AutoCAD 2010 命令（但在执行某一命令的过程中，单击菜单项或工具栏按钮可中断当前命令的执行，并执行对应的新命令）。

6. 状态栏

状态栏位于 Auto CAD 2010 工作界面的最下边，它主要用来显示当前的绘图状态，如当前十字光标的位置（坐标），绘图时是否打开了正交、栅格捕捉、栅格显示等功能以及当前的绘图空间等。

AutoCAD 2010 还在状态栏上新增加了"通信中心"按钮 ☒ 。利用该按钮，可以通过互联网对软件进行升级并获得相关的支持文档。另外，单击位于状态栏最右侧的小箭头，系统将弹出一个菜单，用户可通过该菜单确定要在状态栏上显示的内容。

1.2.3 文件操作

文件操作包括新建文件、打开文件、保存文件等。

1. 新建文件

（1）选择下拉菜单"文件"/"新建"或者直接单击"标准"工具栏上的 ▢ 图标按钮，屏幕上将弹出"选择样板"对话框，如图 1-4 所示。

（2）在"选择样板"对话框中，可执行下列操作之一。

• 单击"打开"按钮，就会新建一个图形文件，文件名将显示在标题栏上。

• 单击"打开"按钮右侧的小三角形符号，将弹出一个选项面板，如图 1-5 所示。各选项含义如下：

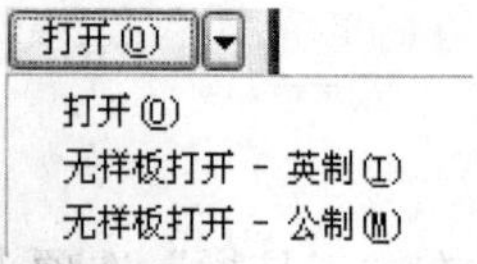

图 1-4 "选择样板"对话框

图 1-5 "打开"选项面

① 选择"无样板打开-英制"选项，将新建一个英制的无样板打开的绘图文件。

② 选择"无样板打开-公制"选项，将新建一个公制的无样板打开的绘图文件。

③ 选择"打开"选项，将新建一个有样板打开的绘图文件。

2. 打开文件

通过下拉菜单选择"文件"/"打开",或者直接单击"标准"工具栏上的 按钮,即打开如图 1-6 所示的"选择文件"对话框。选择需要打开的图形文件,单击"打开"按钮即可。

图 1-6 "选择文件"对话框

AutoCAD 2010 支持多图档操作,即同时打开多个图形文件。多图档操作时,可以通过选择"窗口"下拉菜单中的子命令来控制各图形窗口的排列形式,以及进行窗口之间的切换。

3. 保存文件

通过下拉菜单选择"文件"/"保存"或单击"标准"工具栏上的 按钮,也可以使用快捷键<Ctrl> + <s>保存图形。如果是第一次存储该图形文件,则弹出如图 1-7 所示的"图形另存为"对话框,用户可以将文件命名并保存到想要保存的地方。如果文件以经命名,则直接以原文件名保存。如果要重新命名保存图形,则要选择"文件"/"另存为"选项。

单击该对话框右上角的"工具"/"安全选项"按钮,系统将弹出"安全选项"对话框,如图 1-8 所示。在此,用户可以为自己的图形文件加密保护。

图 1-7 "图形另存为"对话框

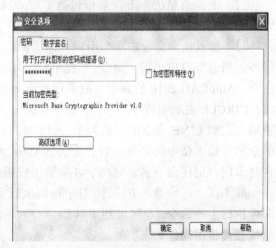

图 1-8 "安全选项"对话框

1.2.4　退出 AutoCAD 2010

用户执行下列操作之一即可退出 AutoCAD 2010。

（1）下拉菜单选择"文件"/"退出"。

（2）单击标题栏上的 ⊠ 按钮。

（3）在命令行输入 QUIT 或 EXIT。

退出之前如果未曾存盘，系统会询问用户是否将修改保存。

1.2.5　AutoCAD 2010 命令输入方法

1. 命令输入设备

AutoCAD 2010 支持的输入设备主要有键盘、鼠标和数字化仪等，其中键盘和鼠标最为常用。

键盘主要用于命令行输入，尤其是在输入选项或数据时，一般只能通过键盘输入。键盘在输入命令、选项和数据时，字母的大小写是等效的。输入命令、选项或数据后，必须按<Enter>键（亦称回车键），才能执行。一般情况下，空格键等效于<Enter>键。

鼠标主要用于控制光标的移动。在菜单输入和工具栏输入时，只需用鼠标单击即可执行AutoCAD 2010 的命令。鼠标的左键主要用于击取菜单、单击按钮、选择对象和定位点等，使用频率最高。单击鼠标右键可以弹出相应的快捷菜单或相当于按<Enter>键。

2. 命令输入方法

AutoCAD 2010 的命令主要有三种基本的输入方法：命令按钮法、下拉菜单法和键盘输入命令法。

（1）命令按钮法　即通过单击工具栏上的 ╱图标按钮执行相应的命令。这种命令输入方法方便、快捷，但需要将待用的工具栏调出。例如，单击"绘图"工具栏上的 即可执行画线命令。

（2）下拉菜单法　下拉菜单包括了 AutoCAD 2010 的绝大部分命令，执行方法和其他Windows 应用软件相同。

（3）键盘输入命令法　在用户界面下面的命令输入区可以输入需要的指令来完成指定的任务。当命令窗口出现"命令："提示时，用键盘输入命令并按<Enter>键或空格键即可执行命令。AutoCAD 2010 的命令一般采用相应的英语单词表示，以便用户记忆，如 LINE 表示画线，CIRCLE 表示画圆等。另外，为了提高命令的输入速度，AutoCAD 2010 给一些命令规定了别名，如 LINE 命令的别名为 L，CIRCLE 命令的别名为 C 等，输入别名相当于输入命令的全称。输入命令法是最一般的方法，AutoCAD 2010 的所有命令都可通过该方法执行。但它要求用户记住命令名，对初学者来讲比较困难。

除了以上三种基本方法外，对于重新执行上一完成的命令，可以输入<Enter>键或空格键，即可执行上一命令。也可以利用<F1>～<F11>功能键来设置某些状态。<Esc>键可以帮助用户尽快脱离错误操作状态。

在 AutoCAD 2010 的诸多命令中，有些命令可以在其他命令的执行过程中插入执行，这样的命令称为透明命令。例如 HELP、ZOOM、PAN、LIMITS 等都属于透明命令。透明命令用键盘输入时要在命令名前输入一个单引号，如'ZOOM。透明命令也可以通过下拉菜单或工具栏按钮执行，这时不必输入另外的符号。

注意：本书中主要以键盘输入命令的方法介绍 AutoCAD 2010 在公路工程领域常用的一些绘制命令。

1.2.6　图形查看

在查看或绘制尺寸较大的图形或局部复杂的图形结构时，在屏幕窗口中可能看不到或看不清局部细节，从而使很多操作不方便。AutoCAD 2010 提供的图形显示缩放功能可以解决这个问题。

1. 缩放命令

ZOOM（缩放）命令使用户可以放大或缩小图形，就如同照相机的变焦镜头一样。它能将"镜头"对准图形的任何部分放大或缩小观察对象的视觉尺寸，而保持其实际尺寸不变。

ZOOM 命令大多数情况下可透明执行。ZOOM 命令在命令窗口的执行过程如下：

命令：ZOOM✓（或 z✓，符号"✓"在本书中代表按<Enter>键）

指定窗口角点，输入比例因子（nX 或 nXP），或[全部(A)/中心点(C)/动态(D)/范围(E)/上一个(P)/比例(S)/窗口(W)]<实时>：

各选项含义如下：

① 若直接在屏幕上点取窗口的两个对角点，则点取的窗口内的图形将被放大到全屏幕显示。

② 若直接输入一数值，系统将以此数值为比例因子，按图形实际尺寸大小进行缩放；若在数值后加上"X"，系统将根据当前视图进行缩放；若在数值后加上"XP"，系统将根据当前的图纸空间进行缩放。

③ 若直接按<Enter>键，系统将进入实时缩放状态。按住鼠标左键向上移动光标，图形随之放大；向下移动光标，图形随之缩小。按<Enter>键或<Esc>键，将退出实时缩放。

直接单击工具栏上的 按钮，具有同样的功能。

其他选项含义如下：

A 表示在当前视窗缩放显示整个图形。

C 表示缩放显示由中心点和缩放比例（或高度）所定义的窗口。高度值较小时放大图形，较大时缩小图形。

D 表示动态调整视图框的大小和位置，将其中的图形平移或缩放，以充满当前视窗。

E 表示将整个图形尽可能地放大到全屏幕显示。

P 表示恢复显示前一个视图。AutoCAD 2010 中文版最多可以恢复此前的 10 个视图。直接单击工具栏上的按钮，也可以完成同样的功能。

S 表示以指定的比例因子缩放显示。

W 表示用窗口缩放显示，将由两个对角点定义的矩形窗口内的图形放大到全屏幕显示。

2. 平移视图

PAN 命令用于平移视图，以便观察图形的不同部分。PAN 为透明命令，其在命令窗口的执行如下：

命令：PAN↙

执行命令后，光标变成手形，按住鼠标左键移动光标，图形随之移动。

3. 重　画

重画命令用于刷新屏幕显示，以消除屏幕上由于编辑而产生的杂乱信息。重画命令在命令窗口的执行如下：

命令：REDRAWALL↙

重画只刷新屏幕显示，这与数据的重生成不同。

4. 重生成

重生成命令也可以刷新屏幕，但它所用的时间要比重画命令长。这是因为重生成命令除了刷新屏幕外，还要对数据库进行操作，使图形显示更加精确。通常情况下，如果用重画命令刷新屏幕后仍不能正确地反映图形时，应该调用重生成命令。重生成命令在命令窗口的执行如下：

命令：REGEN↙

1.3　AutoCAD 2010 坐标系使用

与其他图形设计软件相比，AutoCAD 最大的特点在于它提供了精确绘制图形的功能，用户可以按照非常高的精度标准，准确地设计并绘制图形。其独特的坐标系统是准确绘图的重要基础。

1.3.1　世界坐标系

世界坐标系（World Coordinate System）又叫通用坐标系，简称 WCS。WCS 是一种笛卡儿坐标系，其原点位于绘图窗口的左下角，X 轴正方向为水平向右，Y 轴正方向为垂直向上，Z 轴正方向为垂直于屏幕向外。

1.3.2　用户坐标系

有时为了绘图的方便，要修改坐标系的原点位置和 X、Y 轴的方向，这种适合于用户需要的坐标系叫用户坐标系（User Coordinate System），简称 UCS。

要设置 UCS，可选择"工具"菜单下的"命名 UCS"、"正交 UCS"、"移动 UCS"和"新建 UCS"命令选项，或者在命令行执行 UCS 命令。

1.3.3　坐　标

在 AutoCAD 2010 中，坐标的表示方法有两种：直角坐标（即笛卡儿坐标）和极坐标。

直角坐标有 X、Y、Z 三个坐标值（一般平面制图只用到 X、Y 坐标的值），分别表示与坐标原点或前一点的相对距离和方向。极坐标用距离和角度表示，表示一点相对于原点或其前一点的距离和角度。其中，相对于原点的坐标值称为绝对坐标值，相对于前一个输入点的坐标值称为相对坐标值。所以，在 AutoCAD 2010 中，点的坐标形式有绝对直角坐标、绝对极坐标、相对直角坐标和相对极坐标四种。

1.3.4　点的输入方法

在 AutoCAD 2010 中，点的输入方式有两种：通过键盘输入点的坐标和在绘图窗口中用光标定点。

1. 直接键入点的坐标

（1）绝对直角坐标　指定点的 X、Y 坐标确定点的位置，输入格式为"X，Y"。如图 1-9 中的 A 点，在执行命令过程中需要输入该点坐标时，直接从键盘在命令窗口键入：60，55↙

注意：坐标输入时的逗号必须用西文逗号。

（2）绝对极坐标　指定相对于坐标原点的距离和角度，输入格式为"距离<角度"。其中，角度是从指定点到坐标原点的连线与 X 轴正方向间的夹角。如图 1-10 中的 A 点，在执行命令过程中需要输入该点坐标时，直接从键盘在命令窗口键入：80<40↙

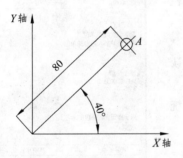

图 1-9　绝对直角坐标

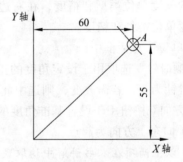

图 1-10　绝对极角坐标

（3）相对直角坐标　指定相对于上一输入点的 X 和 Y 方向的距离（有正负之分）确定点的位置，输入格式为"@X，Y"。如图 1-11 所示，假设画线段 AB 时，A 点作为第一点，当需要输入 B 点时，直接在命令窗口键入：

@30，−80↙

提示：此时用户可假设将坐标系原点移至 A 点来定义 B 点坐标。

（4）相对极坐标　指定相对于前一输入点的距离和角度，输入格式为"@距离<角度"。其中，角度是从指定点到前一输入点的连线与 X 轴正方向间的夹角。如图 1-11 所示，假设画线段 BC 时，以 B 点作为第一输入点，C 点相对于 B 点的相对极坐标在命令窗口的输入形式为：

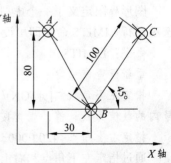

图 1-11　相对直角坐标

@100<45↙

2. 用光标定点

通过移动鼠标控制光标，当光标到达指定的位置后，单击鼠标左键即可。但是仅仅使用光标定位往往不够精确，可借助绘图辅助工具帮助定位，从而保证绘图精度。关于绘图辅助工具的使用将在后续章节介绍。

1.4 AutoCAD 2010 绘图设置

通常，启动新图后首先要设置适合所画图形的绘图环境。例如图形单位、图形界限、图层、颜色、线型、绘图辅助工具等，完整的绘图环境设置是获得精确绘图结果的基础。

1.4.1 设置图形单位

单位定义了对象是如何计量的，不同的行业通常所用的表示单位不同，因此用户应使用与自己建立的图形相适合的单位类型。选择下拉菜单"格式"/"单位"选项，即可打开"图形单位"对话框，如图 1-12 所示。在对话框的左边"长度"栏中选择所需要的长度单位类型和精度，在右边"角度"栏中设置角度单位类型和精度。

"图形单位"对话框中：

（1）"顺时针"选项用于设定角度的正方向，默认设置是逆时针为正，若需改变，则选中此项。

（2）"方向"按钮用于设置基准角度的方向，系统默认为 0°（向东）方向为起点。

注意：以上两项在本书讲解中均取默认值。

图 1-12 "图形单位"对话框

1.4.2 设置图形界限

图形界限定义了一个虚拟的、不可见的绘图边界。选择下拉菜单"格式"/"图形界限"选项运行 LIMITS 命令即可设置图形界限。LIMITS 命令在命令窗口的执行过程如下：

命令：LIMITS↙

重新设置模型空间界限：

指定左下角点或[开(ON)/关(OFF)]<0.0000.0.0000>：↙（指定一点或输入选项，"< >"符号内的数值为默认值，直接按<Enter>键即使用默认值）

指定右上角点<420.0000，297.0000>：3 000，2 500↙（指定另一点）

通过指定左下角点和右上角点来设置图形界限。各选项含义如下：

（1）选项"ON"表示打开界限检查，当打开界限检查时，AutoCAD 将会拒绝输入图形界限外部的点。

（2）选项"OFF"表示关闭界限检查，关闭后，对于超出界限的点依然可以画出。

提示 1：在 AutoCAD 2010 中，图形界限的设置不受限制，因此所绘制的图形大小也不受限制，完全可以按 1∶1 的比例来作图，省去了比例变换。可以等图形绘制好后，再按一定的比例输出图形。

提示 2：在绘图实践中，通常左下角用默认值（0，0），图形界限的大小应该设置的略大于图形的绝对尺寸。例如，要绘制一个总体尺寸为 2 000 个绘图单位的工程时，可设置左下角为（0，0）、右上角为（3 000，2 500）来定义图形界限。

注意：在设定图形界限后，绘图区域的大小并没有及时改变，应用 ZOOM 命令来调整显示范围。执行 ZOOM 命令并选择"ALL"选项可以将 LIMITS 设定的区域全部置于屏幕的可视范围内。

1.4.3　图层的使用

图层可以理解为一种没有厚度的透明胶片。在绘制复杂图形时，通常把不同的内容分开布置在不同的图层上，而完整的图形则是各图层的叠加。

AutoCAD 2010 对图层的数量没有限制，原则上在一幅图中可以创建任意多个层，对每个层上所能容纳的图形实体个数也没有限制，用户可以在一个层上绘制任意多对象。各层的图形既彼此独立，又相互联系。用户既可以对整幅图形进行整体处理，又可以对某一层上的图形进行单独操作。每一图层可以有自己不同的线型、颜色和状态，对某一类对象进行操作时，可以关闭、冻结或锁住一些不相关的内容，从而使图面清晰、操作方便。同时，各个图层具有相同的坐标系、绘图界限和缩放比例，各图层间是严格对齐的。

每一图层都有一个层名。0 层是 AutoCAD 2010 自己定义的，系统启动后自动进入的就是 0 层。其余的图层要由用户根据需要自己创建，层名也是用户自己给定。用户不能修改 0 层的层名，也不能删除该层，但可以重新设置它的其他属性。图层的默认颜色为白色，默认线型为实线。

正在使用的图层称为当前层，用户只能在当前层上绘图。用户可以将已建立的任意层设置为当前层，但当前层只能有一个。

图层可以根据需要被设置为打开或关闭。只有打开的图层才能被显示和输出。关闭的图层虽然仍是图形的一部分，但不能显示和输出。

图层可以被冻结或解冻。冻结了的图层除了不能被显示、编辑和输出外，也不能参加重新生成运算。在复杂图形中冻结不需要的层，可以大大加快系统重新生成图形的速度。

图层可以被锁定或解锁。锁定了的图层仍然可见，但不能对其上的实体进行编辑。给图层加锁可以保证该层上的实体不被选中和修改。

图层可以设置成可打印或不可打印。关闭了打印设置的图层即使是可见的，也不能打印输出。

1.4.3.1　图层的设置

图层的设置可以通过单击"图层"工具栏上的 按钮，或通过下拉菜单选择"格式"/

"图层"选项，也可以使用命令 LAYER。命令执行后，系统将弹出"图层特性管理器"对话框，如图 1-13 所示。

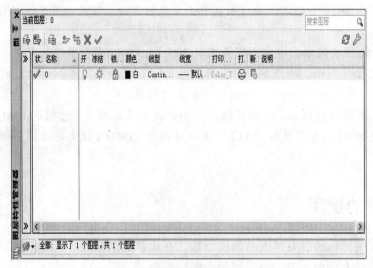

图 1-13 "图层特性管理器"对话框

1. 新建图层

单击"新建"按钮，列表中出现一个名为"图层 1"的新图层。该图层的名称被高亮显示，以便用户能够立即为该图层输入一个新的名称。当输入名称后，按<Enter>键或在对话框中间空白处单击即可。

2. 设置图层特性

（1）设置名称　如果要重新定义现有图层的名称，单击要改名的图层名称，然后再单击一次，即可重新输入图层名称。也可以单击"显示细节"钮，然后选择要修改的图层，在"详细信息"一栏中修改名称，如图 1-14 所示。

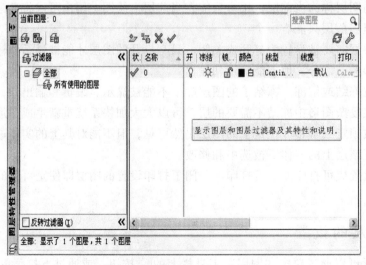

图 1-14 "详细信息"栏对话框

（2）设置颜色　要修改图层的默认颜色设置，将光标移动到该图层同一排设置中的颜色框上，单击鼠标打开"选择颜色"对话框，如图 1-15 所示。单击想要设置的颜色，然后单击"确定"按钮，返回"图层特性管理器"对话框。

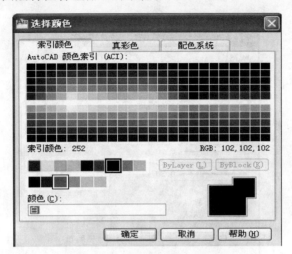

图 1-15　"选择颜色"对话框

AutoCAD 2010 为用户提供了七种标准颜色，即红、黄、绿、青、蓝、品红和白。建议用户尽量采用标准颜色，因为这七种标准颜色区别较大，便于识别。

AutoCAD 2010 还增加了两项新特性：真彩色和配色系统。真彩色选项卡通过对颜色的描述能够使用户更准确的定义颜色，配色系统选项卡显示了系统颜色库中的所有颜色，用户可根据情况合理选择。

（3）设置线型　设置线型与设置颜色的方法类似，不同的是在第一次设置线型前，必须先加载所需的线型。要改变默认的线型设置，将光标移动到该图层同一排设置中的线型上，单击鼠标左键打开"选择线型"对话框，如图 1-16 所示。单击"加载"按钮，弹出"加载或重载线型"对话框，如图 1-17 所示。

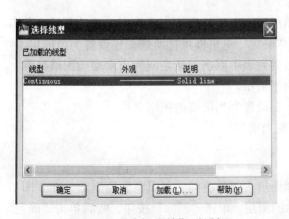

图 1-16　"选择线性"对话框

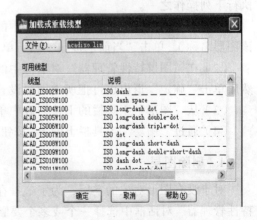

图 1-17　"加载或重载线型"对话框

选择一个或多个需要的线型，单击"确定"回到"选择线型"对话框，现在就可以为图层定义线型了。

（4）设置线宽 线宽是为打印输出作准备的，此宽度表示在输出对象时绘图仪的笔的宽度。在"图层特性管理器"对话框中单击该图层同一排设置的线宽，屏幕上出现"线宽"对话框，如图 1-18 所示。从列表中选择一种线宽值，然后单击"确定"按钮，返回"图层特性管理器"对话框。

图 1-18 "线宽"对话框

注意： 状态栏上的"线宽"按钮用于选择显示或隐藏线宽。

（5）设置图层状态 创建了图层以后，就可对它及其上的对象状态进行修改。通过"图层"工具栏中的下拉列表可以改变一些图层的状态，其他设置必须在"图层特性管理器"对话框中进行修改。单击指定图层的状态图标，就可以切换图层的状态。例如，要冻结一个图层，单击该图层列表的太阳图标，将其切换为雪花图标，该层即被冻结。

3. 设置当前层

在绘图的过程中，用户经常要改变当前层，以选择将要进行作业的图层。切换当前层可执行下列操作之一。

（1）在"图层特性管理器"对话框中的图层列表中选择要使之成为当前层的图层（单击该图层名称），单击"当前"按钮，然后单击"确定"退出即可把所选图层设置为当前层。

（2）在"图层特性管理器"对话框中的图层列表中双击要使之成为当前层的图层名称，然后单击"确定"退出也可把所选图层设置为当前层。

（3）从"图层"工具栏的下拉列表中单击要设置为当前层的图层名称。

（4）通过"图层"工具栏上的 ▨ 按钮改变当前层。

4. 删除图层

对于没有图形对象的空层，为了节省存储图形占用的空间，可以将它们删除。在"图层特性管理器"对话框中选择一个或多个要删除的图层，单击"删除"按钮，然后单击"确定"即可删除所选图层。

有些图层是始终都不允许删除的，这些图层包括 0 层、当前层、定义点的图层、包含图形对象的图层和外部引用的图层等。

有时很难确定哪个图层中没有对象,这时可以使用 AutoCAD 2010 的另一命令(PURGE)。选择"文件"/"绘图实用程序"/"清理"菜单项,打开"清理"对话框,如图 1-19 所示。通过该对话框不仅可以删除空图层,还可清除图形文件中其他所有无用的项目。

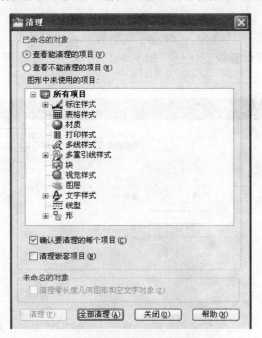

图 1-19 "清理"对话框

1.4.3.2 对象特性的设置

1. 利用"对象特性"工具栏设置对象特性

颜色、线型、线宽和打印样式是图形对象的四个重要特性,默认时为"随层",即继承了它们所在图层的颜色、线型、线宽和打印样式。利用"对象特性"工具栏(见图 1-20),可以快速查看和改变对象的颜色、线型、线宽和打印样式。对象特性被改变后只对后续绘图有效,对已有的图形没有影响。

图 1-20 "对象特征"工具栏

提示:"格式"下拉菜单中的"颜色"、"线型"、"线宽"和"打印样式"选项分别与"对象特性"工具栏中的相应下拉列表等效。

2. 设置线型比例

线型定义一般是由一连串的点、短划线和空格组成的。线型比例因子直接影响着每个绘图单位中线型重复的次数。线型比例因子越小,短划线和空格的长度就越短,于是在每个绘图单位中重复的次数就越多。

　　线型比例分为全局线型比例和对象线型比例两种。全局比例因子将影响所有已经绘制和将要绘制的图形对象。对于每个图形对象，除了受全局线型比例因子的影响外，还受到当前对象的缩放比例因子的影响，对象最终所用的线型比例因子等于全局线型比例因子与当前对象缩放比例因子的乘积。

　　选择下拉菜单"格式"/"线型"，打开"线型管理器"对话框，单击"显示细节"按钮，在"详细信息"栏中即可设置线型比例，如图1-21所示，也可使用LTSCALE命令设置全局线型比例。

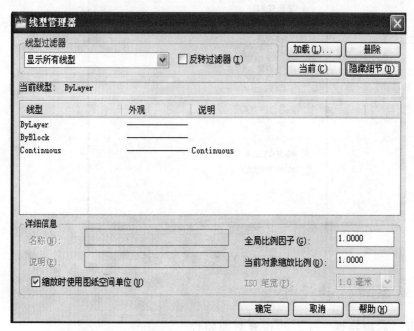

图1-21　设置线型比例

1.4.4　栅格与捕捉

　　AutoCAD 2010可在屏幕绘图区内显示类似于坐标纸一样的可见点阵，称之为栅格。通过单击状态栏中的"栅格"按钮或按<F7>键，可以随意显示或隐藏栅格。显示栅格点可有效地判定绘图的方位，确定图形上点的位置。栅格只是一种辅助工具，不会被打印输出。仅凭栅格模式还难以用肉眼控制点的位置，为此AutoCAD 2010提供了捕捉模式。利用它就可以在绘图过程中精确地捕捉到栅格点。单击状态栏中的"捕捉"　按钮或按<F9>键就可以打开或关闭捕捉模式。

　　通过下拉菜单选择"工具"/"草图设置"选项，或者在状态栏"栅格"或"捕捉"按钮上单击右键并选择"设置"选项，系统将打开"草图设置"对话框，如图1-22所示。在"捕捉和栅格"选项卡中，用户可以对栅格和捕捉特性进行设置。

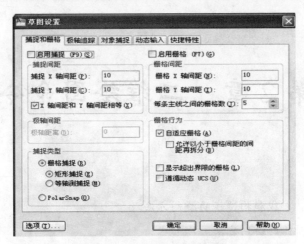

图 1-22　"草图设置"对话框

提示：为了既能准确定位，又能看到栅格点，通常将捕捉间距设置为与栅格间距相等或是它的倍数。

1.4.5　正　交

在正交模式下，光标被约束在水平或垂直方向上移动（相对于当前用户坐标系），方便画水平线和竖直线。单击状态栏上的"正交"按钮或按<F8>键即可打开或关闭正交模式。

注意：正交模式不影响从键盘上输入点。

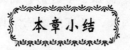

本章小结

本章介绍了 AutoCAD 2010 的安装方法，介绍了图层和绘图前的一些基本设置与操作，详细介绍了直角坐标、极坐标和图层的建立、删除、修改；介绍了图层中线型、颜色、线宽等的设置方法；介绍了特征点的捕捉，这对提高绘图的规范性和绘图效率有重要意义。

思考与练习题

1. 利用 AutoCAD 正式绘图之前需要做哪些准备工作？
2. AutoCAD 的图层有什么特点？
3. 建立一个图层，名字为"实线"，并设置其颜色为黑色、线型为实线；再建立一个图层，名字为"虚线"，并设置其颜色为蓝色、线型为虚线；最后建立一个图层，名字为"点划线"，并设置其颜色为红色、线型为点划线。

第2章 二维绘图命令

■ **知识目标**

- 掌握点、直线、射线和构造线的绘制方法。
- 掌握多边形和圆弧的绘制方法。
- 掌握多线及多段线的绘制方法。

■ **技能目标**

- 能够熟练使用绘图菜单栏下面的常用命令。
- 能够运用二维绘图命令绘制复杂图形。

■ **学前导读**

二维绘图命令是 AutoCAD 2010 绘图的基础，二维图形比较简单，在中文版 AutoCAD 2010 中不仅可以绘制点、直线、圆、圆弧、多边形、圆环等二维图形，还可以绘制多线、多段线和样条曲线等高级图形对象。因此，只有熟练地掌握这些二维图形的绘制方法和技巧，才能更好地绘制出复杂的工程图。

2.1 绘制二维图形的方法

为了满足不同用户的需要，体现灵活性、方便性，中文版 AutoCAD 2010 提供了多种方法来实现相同的功能。常用的绘图方法有四种：使用绘图选项卡、绘图菜单、命令行输入命令、动态输入。

2.1.1 使用【绘图】选项卡

【绘图】选项卡的每个工具按钮都对应于【绘图】菜单中的绘图命令，用户可以直接单击便可执行相应的命令，如图 2-1 所示。

图 2-1　绘图选项卡

2.1.2　使用【绘图】菜单

绘图菜单是绘制图形最基本、最常用的方法，如图 2-2 所示。【绘图】菜单中包含了中文版 AutoCAD 2010 中的大部分绘图命令，用户可以选择菜单中的命令或子命令，绘制相应的图形。

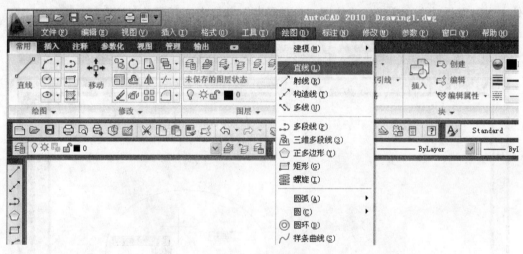

图 2-2　绘图菜单

2.1.3　使用绘图命令

在命令提示行后输入绘图命令，按<Enter>键，可根据提示行的提示信息进行绘图操作。这种方法快捷、准确性高，但需要掌握绘图命令及其选项的具体功能，输入直线命令 Line 或 L 后的情形如图 2-3 所示。

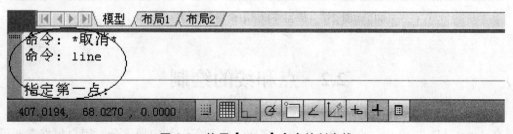

图 2-3　使用【Line】命令绘制直线

2.1.4 动态输入

"动态输入"在光标附近提供了一个命令界面，以帮助用户专注于绘图区域。打开动态输入时，工具提示将在光标旁边显示信息，该信息会随光标移动动态更新。当某命令处于活动状态时，工具提示将为用户提供输入的位置。

在输入字段中输入值并按<Tab>键后，该字段将显示一个锁定图标，并且光标会受用户输入的值约束。随后可以在第二个输入字段中输入值。另外，如果用户先输入值再按 <Enter>键，则第二个输入字段将被忽略，且该值将被视为直接距离输入。

完成命令或使用夹点所需的动作与命令提示中的动作类似。区别是用户的注意力可以保持在光标附近。

动态输入不会取代命令窗口。用户可以隐藏命令窗口以增加绘图屏幕区域，但是用户在有些操作中还是需要显示命令窗口。按 F2 键可根据需要隐藏和显示命令提示和错误消息。另外，也可以浮动命令窗口，并使用"自动隐藏"功能来展开或卷起该窗口。

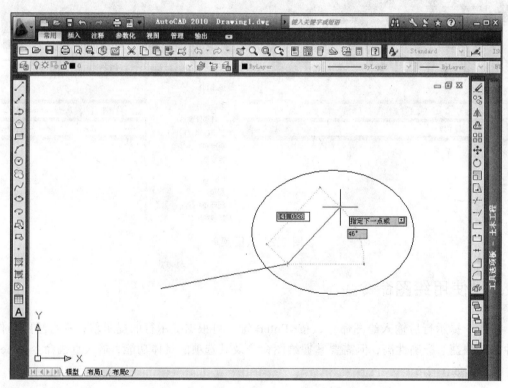

图 2-4 使用【line】命令绘制直线

2.2 点和线的绘制

在 AutoCAD 2010 中，点对象有单点、多点、定数等分和定居等分，用户根据需要可以绘制各种类型的点。作为节点或参照几何图形的点对象对于对象捕捉和相对偏移非常有用。

可以相对于屏幕或使用绝对单位设置点的样式和大小。修改点的样式，使它们有更好的可见性并更容易地与栅格点区分开，影响图形中所有点对象的显示。图形由对象组成，直线、射线和构造线是最简单的一组线形对象，是最基本的绘图命令，基本上所有的绘图都要使用到这些线的命令。

2.2.1　绘制单点和多点

1. 操作方法

执行绘制点的途径有三种：

（1）依次单击【快速访问工具栏】→【显示菜单栏】→【绘图】→【点】→【单点】，可以在绘图窗口中一次指定一个点。

（2）在功能区依次单击【常用】→【绘图】→【多点】按钮，可以在绘图窗口中一次指定多个点。

（3）在命令行输入命令：【Point】输入单点。

2. 调整点的形式和大小

调整点的形式和大小的方法如下：

（1）依次单击【格式】→【点样式】，弹出一个对话框，如图 2-5 所示。

（2）在该对话框中，用户可以选择所需要的点的样式。

（3）在点大小栏内调整点的大小。

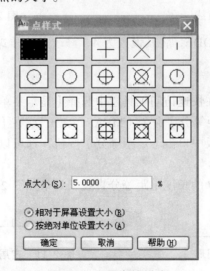

图 2-5　设置点的样式

3. 定数等分

在 AutoCAD 2010 中，在快速访问工具栏中选择【显示菜单】命令，在弹出的菜单中选择【绘图】→【点】→【定数等分】命令（DIVIDE），或在【功能区】选项板中选择【常用】选项卡，在【绘图】面板中单击【等数等分】按钮，都可以在制定的对象上绘制等分点或在等分点处插入块。在使用该命令时应注意以下两点：

- 因为输入的是等分数，而不是放置点的个数，所以如果将所选对象分成 N 份，则实际上只生成 $N-1$ 个点。
- 每次只能对一个对象操作，而不能对一组对象操作。

例如，在图2-6的基础上绘制如图2-7所示的线段图。

图2-6　原始图形　　　　　　　　　　　图2-7　绘制线段图

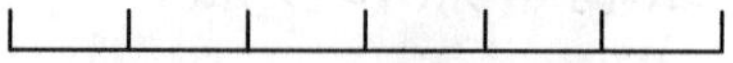

（1）在【功能区】选项板中选择【常用】选项卡，在【绘图】面板中单击【定数等分】按钮，发出 DIVIDE 命令。

（2）在命令行的【选择要定数等分的对象：】提示下，拾取直线作为要等分的对象。

（3）在命令行的【输入线段数目或［块（B）］：】提示下，输入等分段数6，然后按<Enter>键，等分结果如图2-8所示。

（4）输入 PONIT 命令，在命令行的【指定点：】提示下，用鼠标指针在屏幕上点击直线的起点和终点。

（5）在【功能区】选项板中选择【常用】选项卡，在【绘图】面板中单击【定数等分】按钮，效果如图2-9所示。

图2-8　等分直线 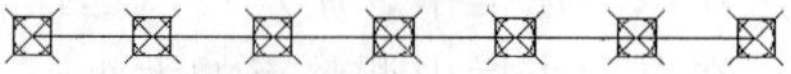　　　　　　　　　　　图2-9　绘制多点

（6）在命令行输入 PDMODE，将其设置为4，修改点的样式，此时效果如图2-7所示。

4. 定距等分

在 AutoCAD2010 中，在快速访问工具栏中选择【显示菜单】命令，在弹出的菜单中选择【绘图】→【点】→【定距等分】命令（MEASURE），或在【功能区】选项板中选择【常用】选项卡，在【绘图】面板中单击【定距等分】按钮，都可以在制定的对象上绘制等分点或在等分点处插入块。

例如，在图2-10中按 AB 的长度定距等分直线，效果如图2-11所示。

图2-10　原始图形 　　　　　　　　　　图2-11　定居等分对象绘制线段图

（1）在命令行输入 PDMODE，将其设置为4，修改点的样式。

（2）在【功能区】选项板中选择【常用】选项卡，在【绘图】面板中单击【定距等分】按钮，发出 MEASURE 命令。

（3）在命令行的【选择要定距等分的对象：】提示下，拾取直线作为要等分的对象。

（4）在命令行的【指定线段长度或［块（B）］：】提示下，分别拾取点 A 和点 B，效果如图2-10所示。

2.2.2 绘制直线

直线是各种位图中最常用、最简单的一类图形对象，只要指定了起点和终点即可绘制一条直线。可以指定直线的特性，包括颜色、线型和线宽。在 AutoCAD 2010 中，图元是最小的图形元素，它不能再被分解。一个图线由若干个图元组成。

1. 操作途径

点的绘制直线的途径有三种：

（1）依次单击【快速访问工具栏】→【显示菜单栏】→【绘图】→【射线】。

（2）在功能区选项板中依次单击【常用】→【绘图】→【射线】按钮。

（3）在命令行输入命令：【Line】。

2. 操作方法

（1）在绘图选项卡中单击【直线】按钮，命令行显示：Line 指定第一点。

（2）单击鼠标或从键盘输入起点的坐标，以指定起点。命令行显示：输入下一点或［放弃（U）］。

（3）移动鼠标并单击，即可指定下一点，同时画出了一条线段。

（4）移动鼠标并单击，即可连续画出直线。

（5）单击鼠标右键弹出快捷菜单，选择确认或者按<Enter>键结束画直线操作。

3. 应用提高

（1）在响应【下一点】时，若输入【U】或者右键选择【放弃】命令，则取消刚刚画出的线段。连续输入【U】并回车，即可取消响应的线段。

（2）在命令行的【命令】提示下输入【U】，则取消刚执行的命令。

（3）在相应【下一点】时若输入【C】或选择快捷菜单中的【闭合】命令，可以使画出的折现封闭并结束操作。也可直接输入长度值，绘制出定长的直线段。

（4）若要画出水平线和铅垂线，可按下 F8 进入正交模式。

（5）若要准确画线到某一特定点，可用对象捕捉工具。

（6）利用 F6 切换坐标形式，便于确定线段的长度和角度。

（7）从命令行输入命令时，可使用快捷键输入，例如 Line 命令，从键盘输入 L 即可。

（8）若要绘制带宽度信息的直线，可以此单击【常用】→【特性】→【线宽】。

4. 应用举例

利用 AutoCAD 2010 的直线命令，完成如图 2-12 所示矩形的绘制。

采用"动态输入"的命令流如下（如果使用命令窗口输入，只需在相对坐标前输入"@"，在绝对坐标前去掉"#"即可）命令窗口的键盘操作如下：

【命令】：L（回车确认）

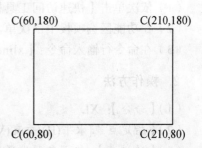

图 2-12 用直线命令绘制矩形

【指定第一点】：#60，80↙

【指定下一点或[放弃（U）]】：#210，80↙

【指定下一点或[放弃（U）]】：#210，180↙

【指定下一点或[闭合（C）或放弃（U）]】：#60，180↙

【指定下一点或[闭合（C）或放弃（U）]】：C↙

2.2.3 绘制射线

在建筑工程图的绘制过程中，利用参照先能够方便地实现基本图形的定位，射线命令的作用是绘制图形定位的参照线。用来创建只有共同起点、不同过点，没有终点的绘图参照线。

1. 操作途径

点的绘制直线的途径有三种：

（1）依次单击【快速访问工具栏】→【显示菜单栏】→【绘图】→【直线】。

（2）在功能区选项板中依次单击【常用】→【绘图】→【直线】按钮。

（3）在命令行输入命令：【Ray】。

2. 操作方法

（1）以此单击【绘图】→【射线】。

（2）单击鼠标或从键盘输入起点的坐标，以指定起点。

（3）移动鼠标并单击，或输入点的坐标，即可指定通过点，同时画出了一条射线。

（4）连续移动鼠标并单击，即可画出多条射线。

（5）回车结束绘制射线操作。

2.2.4 绘制构造线

构造线是指在两个方向上无限延长的直线。构造线主要用作绘图时的辅助线。当绘制多视图时，为了保持投影联系，可先绘制出若干条构造线，再以构造线为基准制图。

1. 操作途径

点的绘制直线的途径有三种：

（1）依次单击【快速访问工具栏】→【显示菜单栏】→【绘图】→【构造线】。

（2）在功能区选项板中依次单击【常用】→【绘图】→【构造线】按钮。

（3）在命令行输入命令：【xline】。

2. 操作方法

（1）【命令】：XL

（2）【指定点或[水平(H)/垂直(V)/角度(A)/二等分(B)/偏移(O)]】：指定通过点的坐标

（3）【通过点】：绘图参照线通过点坐标

......

（4）【通过点】：绘图参照线通过点坐标

（5）【通过点】：

操作选项含义：

水平（H）：创建一条通过选定点的水平参照线。

垂直（V）：创建一条通过选定点的垂直参照线。

角度（A）：以指定的角度创建一条参照线。

二等分（B）：创建一条参照线，它经过选定的角顶点，并且将选定的两条线之间的夹角平分。

偏移（O）：创建平行于另一个对象的参照线。

3. 应用举例

利用 AutoCAD 2010 的构造线命令，完成如图 2-13 所示构造线图形的绘制。

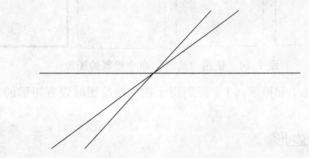

图 2-13　构造线的绘制

命令窗口的操作如下：

【命令】：XL↙

【指定点或[水平(H)/垂直(V)/角度(Λ)/二等分(B)/便宜(O)]】：60，80↙

【通过点】：210，80↙

【通过点】：210，180↙

【通过点】：60，180↙

【通过点】：↙

2.3　多边形的绘制

2.3.1　绘制矩形

用户可直接绘制矩形，也可以对矩形倒角或倒圆角，还可以改变矩形的线宽。

1. 操作途径

执行绘制矩形的途径有三种：

（1）依次单击【快速访问工具栏】→【显示菜单栏】→【绘图】→【矩形】。

（2）在功能区选项板中依次单击【常用】→【绘图】→【矩形】按钮。

（3）在命令行输入命令：【Reclangle】。

2. 操作方法

执行绘制矩形命令后，系统提示：

指定第一角点或[倒角(C)/标高(E)/圆角(F)/厚度(T)/宽度(W)]：

操作选项含义：第一角点：该选项用于确定矩形的第一角点。执行该选项后，输入另一角点，即可直接绘制一个矩形，如图2-14（a）所示。

倒角（C）：该选项用于确定矩形的倒角。图2-14（b）所示为带倒角的矩形。

圆角（F）：该选项用于确定矩形的圆角。图2-14（c）所示为带圆角的矩形。

宽度（W）：该选项用于确定矩形的线宽。图2-14（d）所示为具有线宽度信息的矩形。

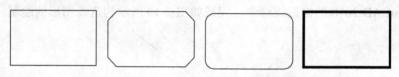

图 2-14 使用"矩形"命令绘制的图形

说明：选项标高（E）和厚度（T）分别用于在三维绘图时设置矩形的基面位置和高度。

2.3.2 绘制正多边形

创建正多边形是绘制正方形、等边三角形和八边形等图形的简单方法。在AutoCAD 2010中可以绘制边数为3~1 024的正多边形。

1. 操作途径

执行绘制正多边形的途径有三种：

（1）依次单击【快速访问工具栏】→【显示菜单栏】→【绘图】→【正多边形】。

（2）在功能区选项板中依次单击【常用】→【绘图】→【正多边形】按钮。

（3）在命令行输入命令：【Polygon】。

2. 操作方法

执行绘制正多边形命令后，系统提示：

输入边的数目<4>：（输入正多边形的边数）

指定正多边形的中心点或［边（E）]：

操作选项含义：

（1）边（E）：

执行该选项后，输入边的第一个端点和第二个端点，即可由边数和一条边确定正多边形，如图2-15（a）所示。

（2）正多边形的中心点：

执行该选项，系统提示：

输入选项[于圆（T）/外切于圆（C）]<I>：

① 选择 I 是根据多边形的外接圆确定多边形，多边形的顶点均位于假设圆的弧上，需要指定边数和半径，如图 2-15（b）所示。

② 选择 C 是根据多边形的内接圆确定多边形，多边形的各边与假设圆相切，需要指定边数和半径，如图 2-15（c）所示。

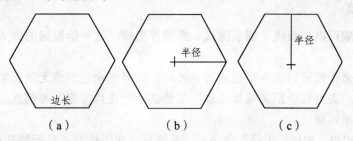

（a）　　　　　　　　　（b）　　　　　　　　　（c）

图 2-15　使用"多边形"命令绘制的图形

在利用这两个选项绘图时，外接圆和内接圆是不出现的，只显示代表圆半径的直线段。

2.4　曲线对象的绘制

在中文版 AutoCAD 2010 中，圆和圆弧的绘制方法相对线性对象来说要复杂一点，并且方法也比较多。

2.4.1　绘制圆

AutoCAD 2010 提供了六种绘制圆的方式，用户可根据不同需要选择不同的方法。

1.　操作途径

执行绘制圆的途径有三种：

（1）依次单击【快速访问工具栏】→【显示菜单栏】→【绘图】→【圆】。

（2）在功能区选项板中依次单击【常用】→【绘图】→【圆】按钮。

（3）在命令行输入命令：【Circle】。

2.　操作方法

执行画圆命令，命令行显示如下：

指定圆的圆心或[三点(3P)/两点(2P)/相切、相切、半径(T)]：

操作选项含义：

（1）三点（3P）：基于圆周上的三点绘制圆。依次输入三个点，即可绘制出一个圆。

（2）两点（3P）：基于圆直径上的两个端点绘制圆。依次输入两个点，即可绘制出一个圆，两点间的距离为圆的直径。

（3）相切、相切、半径（T）：基于指定半径和两个相切对象绘制圆。输入 T 后，根据命令行提示，指定相切对象并给出半径后，即可画出一个圆。在建筑制图中，常使用该方法绘制连接弧。

（4）相切、相切、相切：通过依次指定圆的三个对象来绘制圆。

3. 应用提高

（1）相切对象可以是直线、圆、圆弧、椭圆等图线，这种绘制圆的方式在圆弧连接中经常使用。

（2）用户在命令提示后输入半径或者直径时，如果所输入的值无效，如英文字母、负值等，系统将显示"需要数值距离或第二点"、"值必须为正且非零"等信息，并提示用户重新输入值，或者退出该命令。

（3）使用"相切、相切、半径"命令时，系统总是在距拾取点最近的部位绘制相切的圆。因此，拾取相切对象时，所拾取的位置不同，最后得到的结果有可能也不相同。

2.4.2 绘制圆弧

AutoCAD 2010 提供了十一种画圆弧的方法，用户可根据不同的情况选择不同的方式。

1. 执行途径

执行绘制圆弧的途径有三种：

（1）依次单击【快速访问工具栏】→【显示菜单栏】→【绘图】→【圆弧】。

（2）在功能区选项板中依次单击【常用】→【绘图】→【圆弧】按钮。

（3）在命令行输入命令：【Arc】。

2. 操作方法

从绘图菜单中执行画圆弧命令最为直观。图 2-16 所示为绘制圆弧的菜单。由此可以看出画圆弧的方式有十一种。要绘制圆弧，可以指定圆心、端点、起点、半径、角度、弦长和方向值的各种组合形式。可以使用多种方法创建圆弧。除第一种方法外，其他方法都是从起点到端点逆时针绘制圆弧。

（1）三点：通过给定的三个点绘制一个圆弧，此时应指定圆弧的起点、通过的第二个点和端点。

（2）起点、圆心、端点：通过指定圆弧的起点、圆心和端点绘制圆弧。

（3）起点、圆心、角度：通过指定圆弧的起点、圆心和角度绘制圆弧。

使用"起点、圆心、角度"命令绘制圆弧时，在命令行的"指定包含角："提示下，所输入角度值的正负

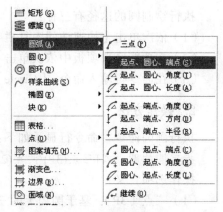

图 2-16 【圆弧】菜单

将影响到圆弧的绘制方向。如果当前环境设置逆时针为角度方向，若输入正的角度值，则所绘

制的圆弧是从起始点沿逆时针方向绘出；如果输入负的角度值，则沿顺时针方向绘制圆弧。

（4）起点、圆心、长度：通过指定圆弧的起点、圆心和弦长绘制圆弧。

使用该命令时，用户所给定的弦长不得超过起点到圆心距离的两倍。另外在命令行的"指定弦长："提示下，所输入的值如果为负值，则该值的绝对值作为对应的整圆空缺部分圆弧的弦长。

（5）起点、端点、角度：通过指定圆弧的起点、端点和角度绘制圆弧。

（6）起点、端点、方向：通过指定圆弧的起点、端点和方向绘制圆弧。

使用该命令时，当命令行提"指定圆弧的起点切向："时，可以通过拖动鼠标的方式动态地确定圆弧在起始点处的切线方向与水平方向的夹角。方法是：拖动鼠标，AutoCAD 2010会在当前光标与圆弧起始点之间形成一条橡皮筋线，此橡皮筋线即为圆弧在起始点处的切线。通过拖动鼠标确定圆弧在起始点处的切线方向后单击鼠标拾取键，即可得到相应的圆弧。

（7）起点、端点、半径：通过指定圆弧的起点、端点和半径绘制圆弧。

（8）圆心、起点、端点：通过指定圆弧的圆心、起点和端点绘制圆弧。

（9）圆心、起点、角度：通过指定圆弧的圆心、起点和角度绘制圆弧。

（10）圆心、起点、长度：通过指定圆弧的圆心、起点和长度绘制圆弧。

（11）继续：当执行绘圆弧命令，并在命令行的"指定圆弧的起点或［圆心（C）］"提示下直接按<Enter>键，系统将以最后一次绘制的线段或圆弧过程中确定的最后一点作为新圆弧的起点，以最后所绘线段方向或圆弧终止点处的切线方向为新圆弧在起始点处的切线方向，然后再指定一点，就可以绘制出一个圆弧。

3. 应用提高

有些圆弧不适合用 Arc 命令绘制，而适合用 Circle 命令结合 Trim（修剪）命令生成。AutoCAD 2010 采用逆时针绘制圆弧。

2.4.3　绘制椭圆

AutoCAD 2010 提供了三种方式用于绘制精确的椭圆。

1. 执行途径

执行绘制椭圆的途径有三种：

（1）依次单击【快速访问工具栏】→【显示菜单栏】→【绘图】→【椭圆】。

（2）在功能区选项板中依次单击【常用】→【绘图】→【椭圆】按钮。

（3）在命令行输入命令：【Ellipse】。

2. 操作方法

执行画椭圆命令，系统提示如下：

指定椭圆的轴端点或[圆弧(A)/中心点(C)]：

操作选项含义：

（1）中心点（C）：执行该选项，根据系统提示，先确定椭圆中心、轴的端点，再输入另一半轴距（或输入 R 后再输入旋转角）绘制椭圆。

（2）圆弧（A）：执行该选项，是绘制椭圆弧。

3. 应用提高

（1）选择"绘图"/"椭圆"/"中心点"命令，可以通过指定椭圆中心、一个轴的端点（主轴）以及另一个轴的半轴长度绘制椭圆。

（2）选择"绘图"/"椭圆"/"轴、端点"命令，可以通过指定一个轴的两个端点（主轴）和另一个轴的半轴长度绘制椭圆。

（3）圆在正等测轴测图中投影为椭圆。在绘制正等测轴测图中的椭圆时，应先打开等测平面图，然后绘制椭圆。

2.4.4　绘制椭圆弧

1. 执行途径

（1）依次单击【快速访问工具栏】→【显示菜单栏】→【绘图】→【椭圆弧】。

（2）在功能区选项板中依次单击【常用】→【绘图】→【椭圆弧】按钮。

（3）在命令行输入命令：【Ellipse】。

2. 操作方法

椭圆弧的操作与绘制椭圆相同，先确定椭圆的形状，再按起始角和终止角参数绘制椭圆弧。

2.5　多线的绘制与应用

2.5.1　绘制多线

多线由 1~16 条平行线组成，这些平行线称为元素。在绘制多线前应该对多线样式先进行定义，然后用定义的样式绘制多线。通过指定每个元素与多线原点的偏移量可以确定元素的未知。用户可以自己创建和保存多线的样式。用户可以设置每个元素的颜色、线型，以及显示或隐藏多线的接头。所谓接头就是指那些出现在多线元素每个顶点处得线条。

1. 定义多线的样式

定义多线样式的步骤如下：

（1）选择【快速访问工具栏】→【显示菜单栏】→【格式】→【多线样式】命令，弹出一个"多线样式"对话框，如图 2-17（a）所示。

（2）点击"新建"按钮，弹出"创建多线样式"对话框。在新样式名称栏内输入名称，例如"墙体"，如图 2-17（b）所示。

（3）点击"继续"按钮，弹出"新建多线样式"对话框，如图 2-17（c）所示。

（4）在"封口"选项区域，确定多线的封口形式、填充和显示连接。

（5）在"元素"选项区域，点击"添加"按钮，在元素栏内添加了一个元素。

（6）在"偏移"栏内可以设置新增元素的偏移量。

（7）分别利用"颜色"、"线型"按钮设置新增元素的颜色和线型。

（8）点击"确定"按钮，返回到"多线样式"对话框。

（9）点击"置为当前"按钮，最后点击"确定"按钮，完成定义多线样式。

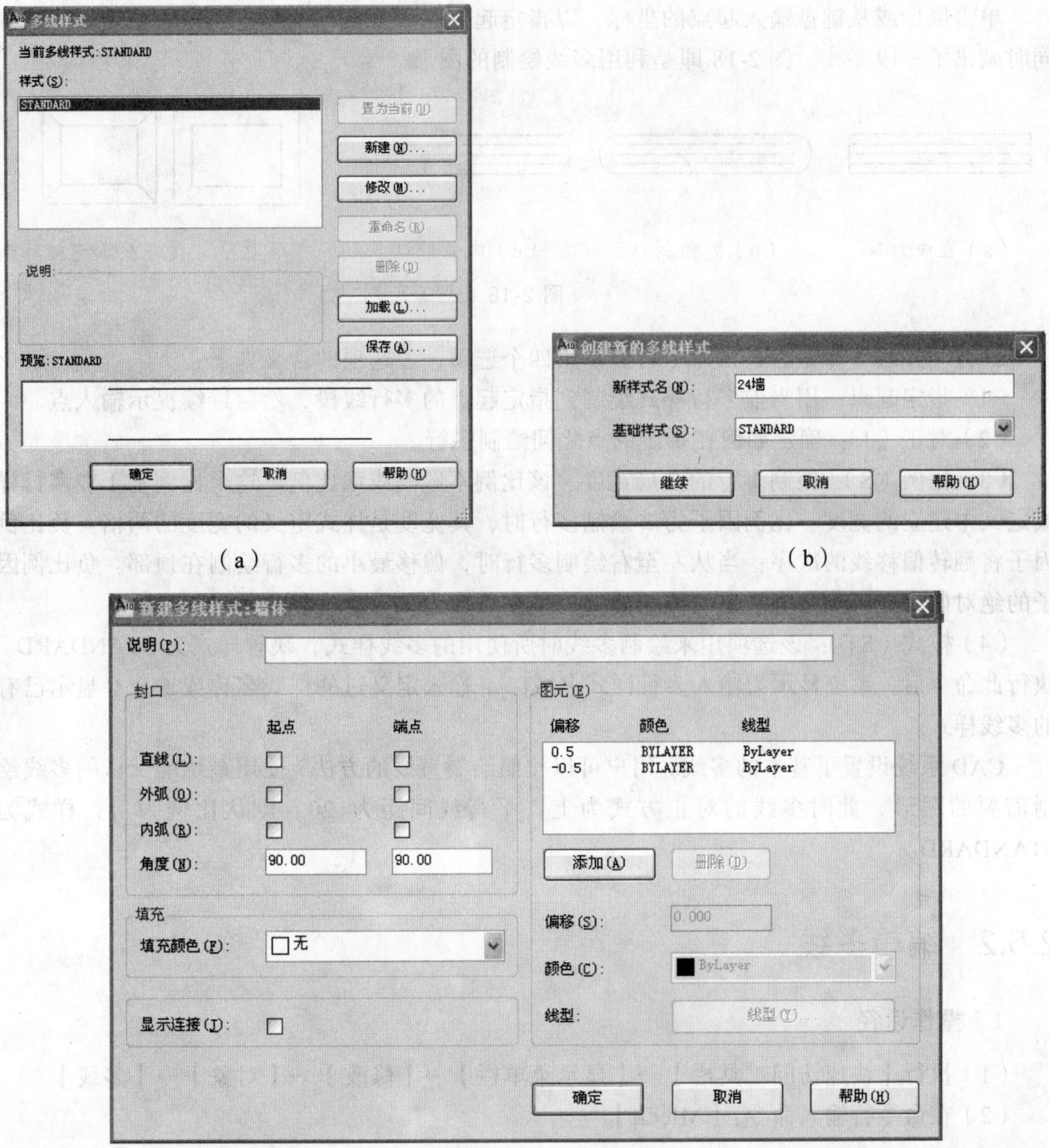

（a）

（b）

（c）

图 2-17　设置"多线样式"

2. 操作途径

（1）执行【快速访问工具栏】→【显示菜单栏】→【绘图】→【多线】命令。

（2）在命令行输入命令：【Mline】。

3. 操作方法

在命令行输入命令：【MLINE】，系统提示如下：

指定起点或 [对正(J)/比例(S)/样式(ST)]：

单击鼠标或从键盘输入起点的坐标，以指定起点。移动鼠标并单击，即可指定下一点，同时画出了一段多线。图2-18即是利用多线绘制的图形。

（a）直线封口　　　　（b）外弧封口　　　　（c）内弧封口　　　（d）不显示连接与显示连接对比

图 2-18

执行"多线"命令后，在命令行显示出四个选项，各选项的含义如下：

（1）指定起点：用当前多行样式绘制到指定起点的多行线段，然后继续提示输入点。

（2）对正（J）：确定如何在指定的点之间绘制多行。

（3）比例（S）：控制多行的全局宽度。该比例不影响线型比例。这个比例基于在多行样式定义中建立的宽度。比例因子为2绘制多行时，其宽度是样式定义的宽度的两倍。负比例因子将翻转偏移线的次序：当从左至右绘制多行时，偏移最小的多行绘制在顶部。负比例因子的绝对值也会影响比例。比例因子为0将使多行变为单一的直线。

（4）样式（ST）：该选项用来绘制多线时所使用的多线样式，缺省样式为STANDARD。执行此命令后，系统显示为输入多行样式名或[?]。输入定义过的样式名称或输入？显示已有的多线样式。

CAD系统设置了基本的多线，用户可以按照绘制直线的方法，使用系统能默认的多线绘制需要的图形，此时多线的对正方式为上，平行线间距为20，默认比例为1，样式为STANDARD。

2.5.2　编辑多线

1. 操作途径

（1）执行【快速访问工具栏】→【显示菜单栏】→【修改】→【对象】→【多线】。

（2）在命令行输入命令：【Mledit】。

2. 操作方法

在命令行输入命令：【Mledit】后，弹出了一个"多线编辑工具"对话框（见图2-19），编辑多线主要通过该框进行。对话框中的各个图标形象地反映了Mledit命令的功能。

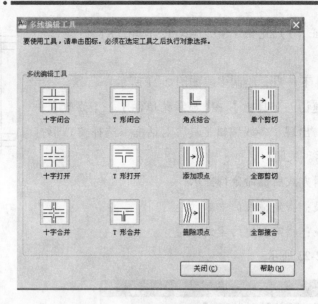

图 2-19　"多线编辑工具"对话框

选择多线的编辑方式后，命令行提示如下：

选择第一条多线：指定要剪切的多线的保留部分。

选择第二条多线：指定剪切部分的边界线。

2.5.3　多线的绘制和编辑应用举例

以图 2-21 为例，介绍多线的绘制和编辑。操作方法如下：

（1）定义多线样式。本图设置 24 墙。

选择【快速访问工具栏】→【显示菜单栏】→【格式】→【多线样式】命令，如图 2-17（a）所示。

点击【新建】按钮，弹出【创建多线新样式】对话框。在新样式名称栏内输入名称"24 墙"，如图 2-17（b）所示。

点击"继续"按钮，弹出"新建多线样式"对话框，如图 2-17（c）所示。

在"偏移"栏内将 0.5 改为 120，–0.5 改为 –120。

点击"确定"按钮，退出【多线样式】对话框。

（2）执行【直线】和【偏移】命令绘制轴线，如图 2-20 所示。

（3）使用定义的"24 墙"多线的样式，中心对齐方式和 100 比例大小绘制多线。

执行【Mline】命令，系统提示如下：

指定起点或[对正（J）/比例（S）/样式（ST）]：J↙

Z↙

指定起点或[对正（J）/比例（S）/样式（ST）]：S↙

100↙

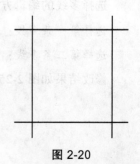

图 2-20

指定起点或[对正（J）/比例（S）/样式（ST）]：ST↙

24墙↙

指定多线起点，下一点，绘制多线如图 2-21 所示。

（4）执行【快速访问工具栏】→【显示菜单栏】→【修改】→
【对象】→【多线】，出现"多线编辑工具"对话框，选择"T 形打
开"，如图 2-22 所示。关闭对话框。

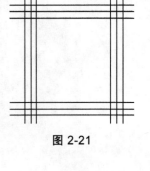

图 2-21

选择多线的编辑方式后，命令行提示：

选择第一条多线：指定横线的中部

选择第二条多线：指定左边的竖线

修改结果如图 2-23 所示。

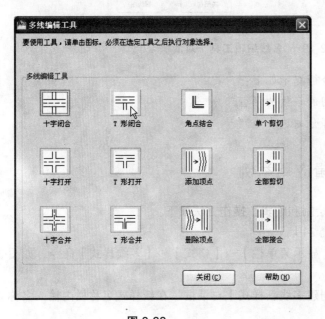

图 2-22

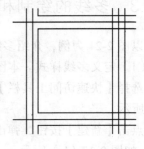

图 2-23

（5）执行【快速访问工具栏】→【显示菜单栏】→【修改】→【对象】→【多线】，出现
"多线编辑工具"对话框，选择"角点结合"，如图 2-24 所示。关闭对话框。

选择多线的编辑方式后，命令行提示：

选择第一条多线：指定横线的中部

选择第二条多线：指定右边的竖线

修改结果如图 2-25 所示。

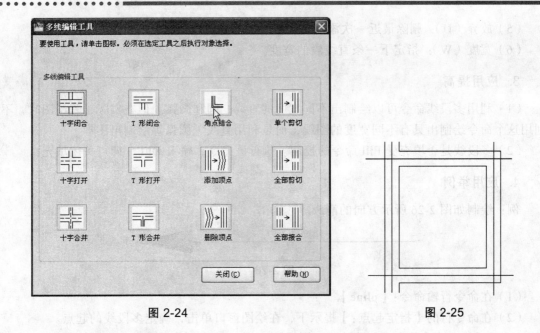

图 2-24　　　　　　　　　　　　　　　图 2-25

2.6　多段线的绘制与应用

多段线是作为单个对象创建的相互连接的序列线段，可以创建直线段、弧线段或两者的组合线段。多线段中的线条可以设置成不同的线宽以及不同的线形，具有很强的实用性。

1. 操作途径

（1）依次单击【快速访问工具栏】→【显示菜单栏】→【绘图】→【多段线】。

（2）在功能区选项板中依次单击【常用】→【绘图】→【多段线】按钮。

（3）在命令行输命令：【Pline】。

2. 操作方法

点取"多段线"按钮，系统显示如下提示：

指定点：（输入点）

当前线宽为：0.0000

指定下一个点或[圆弧(A)/关闭(C)/半宽(H)/长度(L)/放弃(U)/宽度(W)]：指定点或输入选项

操作选项定义：

（1）圆弧（A）：将圆弧段添加到多段线中。

（2）关闭（C）：从指定的最后一点到起点绘制直线段，从而创建闭合的多段线。必须至少指定两个点才能使用该选项。

（3）半宽（H）：指定从宽多段线线段的中心到其一边的宽度。

（4）长度（L）：在与上一线段相同的角度方向上绘制指定长度的直线段。如果上一线段是圆弧，程序将绘制与该圆弧段相切的新直线段。

（5）放弃（U）：删除最近一次添加到多段线上的直线段。

（6）宽度（W）：指定下一条直线段的宽度。

3. 应用提高

（1）利用多段线命令可以绘制出不同宽度的直线、圆和圆弧。但在实际工程绘图时，不利用这个命令绘制出具有不同宽度的图线，而是利用直线、圆弧等绘制出图形。

（2）多段线是否填充受 Fill 命令的控制。执行该命令，输入 OFF，即可关闭填充。

4. 应用举例

例：绘制如图 2-26 所示方向的箭头。

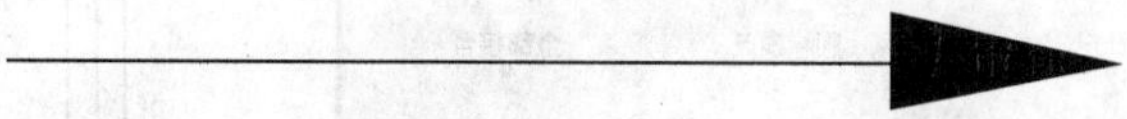

图 2-26

（1）在命令行输命令：【pline】。

（2）在命令行的【指定起点：】提示下，在绘图窗口单击，确定多段线的起点。

（3）在命令行的【指定下一个点或 [圆弧(A)/关闭(C)/半宽(H)/长度(L)/放弃(U)/宽度(W)]】提示下用鼠标指定水平方向下一点。

（4）在命令行的【指定下一个点或 [圆弧(A)/关闭(C)/半宽(H)/长度(L)/放弃(U)/宽度(W)]】提示下输入 W。

（5）在命令行的【指定起点宽度<0.0000>：】提示下输入多段线的起点宽度 50。

（6）在命令行的【指定端点宽度<50.0000>：】提示下输入多段线的端点宽度 0。

（7）在命令行的【指定下一个点或 [圆弧(A)/关闭(C)/半宽(H)/长度(L)/放弃(U)/宽度(W)]】提示下输入坐标（@0，－150），绘制一条垂直线段。

（8）在命令行的【指定下一个点或 [圆弧(A)/关闭(C)/半宽(H)/长度(L)/放弃(U)/宽度(W)]】提示下，按<Enter>键，完成绘图，如图 2-26 所示。

2.7 样条曲线的编制

1. 操作途径

（1）依次单击【快速访问工具栏】→【显示菜单栏】→【绘图】→【样条曲线】。

（2）在功能区选项板中依次单击【常用】→【绘图】→【样条曲线】按钮。

（3）在命令行输入命令：【Spline】。

2. 操作方法

（1）在命令行输入命令：【Spline】。

（2）系统将显示【指定第一个点或 [对象（O）]】：指定一点或输入 O

第一点：使用指定点、使用 NURBS（非均匀有理 B 样条曲线）数学创建样条曲线。

对象：将二维或三维的二次或三次样条曲线拟合多段线转换成等效的样条曲线并删除多段线（取决于 DELOBJ 系统变量的设置）。

（3）指定一点后系统显示【指定下一点】：指定一点

（4）输入点一直到完成样条曲线的定义为止。输入两点后，将显示以下提示：

【指定下一点或[闭合(C)/拟合公差(FT)]＜起点切向＞】：指定点、输入选项或按 ＜Enter＞ 键。

【下一点】：继续输入点将增加附加样条曲线线段，直至按＜Enter＞键为止。输入 Undo 以删除上一个指定的点。按＜Enter＞键后，将提示用户指定样条曲线的起点切向。

【闭合（C）】：将最后一点定义为与第一点一致并使它在连接处相切，这样可以闭合样条曲线。

【拟合公差（FT）】：修改拟合当前样条曲线的公差。根据新公差以现有点重新定义样条曲线。可以重复更改拟合公差，但这样做会更改所有控制点的公差，不管选定的是哪个控制点。

【起点切向】：定义样条曲线的第一点和最后一点的切向。

2.8　面域和图案高级填充

2.8.1　面　域

面域是封闭区域所形成的二维实体对象，可将它看成一个平面实心区域。尽管 AutoCAD 2010 中有许多命令可以生成封闭形状（如圆、多边形），但所有这些都只包含边的信息而没有面，它们和面域有本质区别。

1.　操作途径

（1）依次单击【快速访问工具栏】→【显示菜单栏】→【绘图】→【面域】。

（2）在功能区选项板中依次单击【常用】→【绘图】→【面域】按钮。

（3）在命令行输入命令：【Region】。

2.　操作方法

执行命令后，软件提示用户选择想转换为面域的对象，如选取有效，则系统将该有效选取转换为面域。但选取面域时要注意：

（1）自相交或端点不连接的对象不能转换为面域。

（2）缺省情况下进行面域转换时，Region 命令将用面域对象取代原来的对象并删除原对象。但是如果想保留原对象，则可通过设置系统变量 DELOBJ 为 0 来达到这一目的。

2.8.2　图案填充

在建筑制图中，剖面图用来表达各种建筑材料的类型、地基轮廓面、房屋顶的结构特征以及墙体的剖面等。AutoCAD 软件为用户提供了图案填充功能。图案填充操作，用户需要明确三个内容：一是填充的区域，二是填充的图案，三是填充的方式。

1. 操作途径

（1）依次单击【快速访问工具栏】→【显示菜单栏】→【绘图】→【图案填充】。
（2）在功能区选项板中依次单击【常用】→【绘图】→【图案填充】按钮。
（3）在命令行输入命令：【Hatch/Bhatch】。

2. 操作方法

在命令行输入命令：【Hatch/Bhatch】，打开"图案填充和渐变色"对话框，如图 2-27 所示。

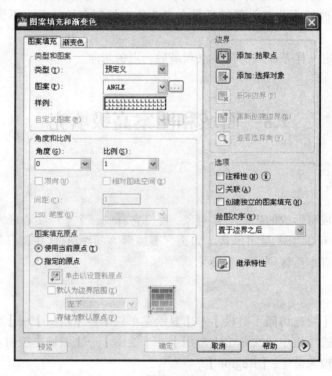

图 2-27

使用"图案填充"对话框中的"图案填充"选项卡，定义图案填充和渐变填充对象的边界、图案类型、图案特性和其他特性，可以快速设置图案填充。

"图案填充和渐变色"对话框包括以下内容：

"图案填充"选项卡，"渐变色"选项卡，其他选项区域，添加：拾取点，添加：选择对象，重新创建边界，删除边界，查看选择集，选择边界对象，选项，继承特性，预览。

（1）"图案填充"选项卡（"图案填充和渐变色"对话框）

① 类型和图案

指定图案填充的类型和图案。

● 类型

设置图案类型。用户定义的图案基于图形中的当前线型。自定义图案是在任何自定义 PAT

文件中定义的图案，这些文件已添加到搜索路径中。可以控制任何图案的角度和比例。预定义图案存储在随产品提供的 acad.pat 或 acadiso.pat 文件中。

- 图案

列出可用的预定义图案。最近使用的六个用户预定义图案出现在列表顶部。HATCH 将选定的图案存储在系统变量 HPNAME 中。只有将"类型"设置为"预定义"，该"图案"选项才可用。

- 图案后面的"..."按钮

显示"填充图案选项板"对话框，从中可以同时查看所有预定义图案的预览图像，这将有助于用户做出选择。

- 样例

显示选定图案的预览图像。可以单击"样例"以显示"填充图案选项板"对话框。选择 SOLID 图案时，可以单击右箭头以显示颜色列表或"选择颜色"对话框。

- 自定义图案

列出可用的自定义图案。六个最近使用的自定义图案将出现在列表顶部。选定图案的名称存储在系统变量 HPNAME 中。只有在"类型"中选择了"自定义"，此选项才可用。

- 自定义图案后面的"..."按钮

显示"填充图案选项板"对话框，从中可以同时查看所有自定义图案的预览图像，这将有助于用户做出选择。

② 角度和比例

指定选定填充图案的角度和比例。

- 角度

指定填充图案的角度（相对当前 UCS 坐标系的 X 轴）。HATCH 将角度存储在系统变量 HPANG 中。

- 比例

放大或缩小预定义或自定义图案。HATCH 将比例存储在系统变量 HPSCALE 中。只有将"类型"设置为"预定义"或"自定义"，此选项才可用。

- 双向

对于用户定义的图案，将绘制第二组直线，这些直线与原来的直线成 90° 角，从而构成交叉线。只有在"图案填充"选项卡上将"类型"设置为"用户定义"时，此选项才可用。（HPDOUBLE 系统变量）

- 相对图纸空间

相对于图纸空间单位缩放填充图案。使用此选项，可很容易地做到以适合于布局的比例显示填充图案。该选项仅适用于布局。

- 间距

指定用户定义图案中的直线间距。HATCH 将间距存储在系统变量 HPSPACE 中。只有将"类型"设置为"用户定义"，此选项才可用。

- ISO 笔宽

基于选定笔宽缩放 ISO 预定义图案。只有将"类型"设置为"预定义"，并将"图案"设置为可用的 ISO 图案的一种，此选项才可用。

③ 图案填充原点

制填充图案生成的起始位置。某些图案填充（例如砖块图案）需要与图案填充边界上的一点对齐。默认情况下，所有图案填充原点都对应于当前的 UCS 原点。

• 使用当前原点

使用存储在系统变量 HPORIGINMODE 中的设置。默认情况下，原点设置为（0，0）。

• 指定的原点

指定新的图案填充原点。单击此选项可使以下选项可用：

• 单击以设置新原点

直接指定新的图案填充原点。

• 默认为边界范围

根据图案填充对象边界的矩形范围计算新原点。可以选择该范围的四个角点及其中心。（HPORIGINMODE 系统变量）

• 存储为默认原点

将新图案填充原点的值存储在系统变量 HPORIGIN 中。

• 原点预览

显示原点的当前位置。

（2）"渐变色"选项卡（"图案填充和渐变色"对话框）

定义要应用的渐变填充的外观。

① 颜　色

• 单色

指定使用从较深着色到较浅色调平滑过渡的单色填充。选择"单色"时，HATCH 将显示带有"浏览"按钮和"着色"和"染色"滑块的颜色样本。

• 双色

指定在两种颜色之间平滑过渡的双色渐变填充。选择"双色"时，HATCH 将显示颜色 1 和颜色 2 的带有"浏览"按钮的颜色样本。

• 颜色样本

指定渐变填充的颜色。单击浏览按钮"…"以显示"选择颜色"对话框，从中可以选择 AutoCAD 颜色索引（ACI）颜色、真彩色或配色系统颜色。显示的默认颜色为图形的当前颜色。

• "着色"和"渐浅"滑块

指定一种颜色的渐浅（选定颜色与白色的混合）或着色（选定颜色与黑色的混合），用于渐变填充。

② 渐变图案

显示用于渐变填充的九种固定图案。这些图案包括线性扫掠状、球状和抛物面状图案。

③ 方　向

指定渐变色的角度以及其是否对称。

• 居中

指定对称的渐变配置。如果没有选定此选项，渐变填充将朝左上方变化，创建光源在对象左边的图案。

• 角度

指定渐变填充的角度。相对当前 UCS 指定角度。此选项与指定给图案填充的角度互不影响。

（3）添加：拾取点

根据围绕指定点构成封闭区域的现有对象确定边界。对话框将暂时关闭，系统将会提示拾取一个点。

（4）添加：选择对象

根据构成封闭区域的选定对象确定边界。对话框将暂时关闭，系统将会提示选择对象。

（5）重新创建边界

围绕选定的图案填充或填充对象创建多段线或面域，并使其与图案填充对象相关联（可选）。单击"重新创建边界"时，对话框将暂时关闭，并显示一个命令提示。

（6）删除边界

从边界定义中删除之前添加的任何对象。单击"删除边界"后，对话框将暂时关闭，并显示一个命令提示。

（7）查看选择集

暂时关闭"图案填充和渐变色"对话框，并使用当前的图案填充或填充设置显示当前定义的边界。如果未定义边界，则此选项不可用。

（8）选择边界对象

显示选定图案填充的边界夹点控件，并关闭"图案填充和渐变色"对话框。如果尚未为现有图案填充定义任何边界，则此选项不可用。

（9）选　项

控制几个常用的图案填充或填充选项。

（10）继承特性

使用选定图案填充对象的图案填充或填充特性对指定的边界进行图案填充或填充。HPINHERIT 将控制是由 HPORIGIN 还是由源对象来决定生成的图案填充的图案填充原点。在选定图案填充要继承其特性的图案填充对象之后，可以在绘图区域中单击鼠标右键，并使用快捷菜单在"选择对象"和"拾取内部点"选项之间进行切换以创建边界。单击"继承特性"后，对话框将暂时关闭，并显示一个命令提示。

（11）预　览

关闭对话框，并使用当前图案填充设置显示当前定义的边界。单击图形或按<Esc>键返回对话框。单击鼠标右键或按<Enter>键接受图案填充或填充。如果没有指定用于定义边界的点，或没有选择用于定义边界的对象，则此选项不可用。

（12）其他选项

展开对话框以显示其他选项。

3. 特别说明

在填充区域内的对象成为孤岛，如封闭的图形、文字串的外框等。它影响了填充图案时的内部边界，因此对孤岛的处理方式不同而形成了三种填充方式，如图 2-28 所示。

（1）普　通

从外部边界向内填充。如 HATCH 遇到内部孤岛，将关闭图案填充，直到遇到该孤岛内的另一个孤岛。也可以通过在系统变量 HPNAME 的图案名称中添加，N 将填充方式设置为"普通"样式。

（2）外　部

从外部边界向内填充。如果 HATCH 遇到内部孤岛，将关闭图案填充。此选项只对结构的最外层进行图案填充或填充，而结构内部保留空白。也可以通过在系统变量 HPNAME 的图案名称中添加，O 将填充方式设置为"外部"样式。

（3）忽　略

忽略所有内部的对象，填充图案时将通过这些对象。也可以通过在系统变量 HPNAME 的图案名称中添加，I 将填充方式设置为"忽略"样式。

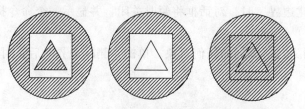

图 2-28　分别为普通、外部和忽略模式

用户可以在边界内拾取点或选择边界对象时（即点击了"拾取点"或点击了"选取对象"后），在图形区单击鼠标右键，从弹出的快捷菜单中选择三种样式之一，如图 2-29 所示。

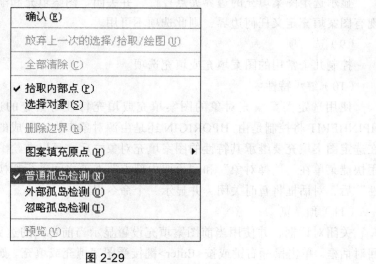

图 2-29

4. 应用举例

下面以图 2-29 所示的图形为例，说明图案填充的方法。图 2-30（a）的填充比例为 0.5，图 2-30（b）的填充比例为 1，图 2-30（c）的填充比例为 2。

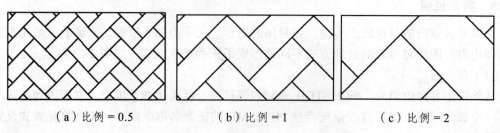

（a）比例 = 0.5　　　　　（b）比例 = 1　　　　　（c）比例 = 2

图 2-30

（1）点取图案填充按钮，弹出"图案填充和渐变色"对话框，如图 2-27 所示。

（2）点击"类型"下拉菜单，选择"预定义"。

（3）点击"图案"下拉菜单，选择需要填充的图案。

（4）在"比例"框内分别输入 0.5，1 和 2。

（5）点取拾取点对话框，命令行提示：选择内部点。

（6）在图形轮廓线内部单击鼠标左键，此时图线以高亮显示。

（7）回车结束填充区域的选择。

（8）点取"确定"按钮，完成图案填充。

本章详细介绍了运用 AutoCAD 2010 二维绘图命令的绘图方法，点、直线、曲线、多边形等是组成工程图的基本元素，多段线、样条曲线、图案填充等功能也是工程图里经常使用到的，所以只有熟练地掌握这些二维图形的绘制方法和技巧，才能更好地绘制出复杂的工程图。

思考与练习题

1. 二维绘图命令的方法有哪些？

2. 如何利用定数等分和定距等分对直线进行等分？

3. 练习并掌握射线、构造线的绘制方法，并了解它们在工程中的应用。

4. 试用多边形法绘制外接圆边长为 10 的五角星。

5. 绘制圆、圆弧的方法有哪些？

6. 什么是多线，绘制时有哪些注意点？

7. 如何进行图案填充，填充时要注意哪些问题？

第3章 基本图形绘制与编辑

■■ 知识目标

- 掌握 AutoCAD 2010 基本绘图方法。
- 掌握多段线、样条线的绘制，旋转、复制与镜像等编辑命令。
- 掌握五星红旗、衣橱平面图形的绘制流程。
- 掌握图层的概念、特性及设置图层的方法。
- 能完成文字样式的编辑修改与文字注写，能灵活运用复制、偏移等修改工具正确绘制图形。

■■ 技能目标

- 熟悉五星红旗的基本思路。
- 熟练掌握 AutoCAD 2010 基本绘图操作，能够利用图层、偏移、文字注写完成图框、标题栏的绘制。
- 巩固与复习前面所学到的知识技能，达到熟练操作、灵活运用的程度。

■■ 学前导读

前面的章节我们已经了解了 AutoCAD 2010 的基本知识，本章学习 AutoCAD 2010 的基本绘图方法，灵活运用样条线、多线等绘图工具，掌握对象的偏移、图形的复制与旋转等相关修改工具的运用。将所学知识灵活运用于平面图的绘制中，达到在技能训练中巩固已有知识、不断拓展知识的目的。

3.1 五星红旗绘制

3.1.1 五星红旗图形分析

《国旗法》规定，我国的国旗为五星红旗，长高比为 3∶2，国旗的通用规格为如下五种：288 cm×192 cm，240 cm×160 cm，192 cm×128 cm，144 cm×96 cm，96 cm×64 cm。在了解五星红旗尺寸标准之后，可将五星红旗绘制分解为以下步骤：

（1）为便于确定五星的位置，先将旗面对分为四个相等的长方形，将左上方长方形上下 10 等分，左右 15 等分，分别定义轴号。

（2）大五角星的中心位置在 5、E 轴交点处。以此点为圆心，3 等份为半径画圆，将圆 5

等分得到五角星，其中一角要在五角星中心的正上方。

（3）4个小五星的中心分别位于2、J，4、L，7、L，9、J四轴交点。分别以4点为圆心，1等份为半径作圆，与上述相同做法得到五角星。四颗五角星各有一个角尖正对大五角星的中心。

（4）最后绘制出的效果如图3-1所示。

图 3-1　五星红旗

3.1.2　五星红旗操作步骤

1.　操作方法

（1）单击"绘图"工具栏中的"矩形"按钮，拾取绘图窗口中的任意一点，在命令行中输入@288，192并按<Enter>键，绘制一个矩形。

（2）右击状态栏中"捕捉模式"按钮，在弹出的快捷菜单中选择"设置"命令，打开"草图设置"对话框，在"对象捕捉模式"选项组中勾选"中点"复选按钮，启用对象中点捕捉，如图3-2所示。

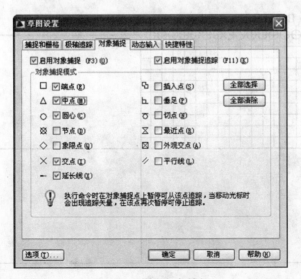

图 3-2　启用中点捕捉

（3）单击"绘图"工具栏中的"直线"按钮，捕捉矩形边的中点，绘制水平线和垂直线，将矩形均分为4等份，如图3-3所示。

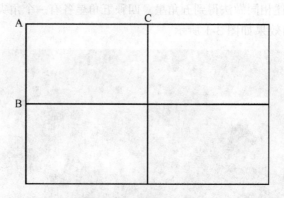

图 3-3　四等分矩形

（4）单击"绘图"工具栏中的"多段线"按钮，沿B、A、C绘制一条多段线。

（5）执行菜单栏"格式"/"点样式"命令，打开"点样式"对话框，选择一种点样式，以便下面能正常显示线段等分点，如图3-4所示。

（6）执行菜单栏"绘图"/"点"/"定数等分"命令，选择上面绘制的多段线，输入分段数。

（7）单击"绘图"工具栏中的"直线"按钮，沿等分点绘制水平和垂直线段，建立坐标并定义轴号，如图3-5所示。

（8）单击"绘图"工具栏中的"圆"按钮，以5、E轴交点处为圆心，3等份为半径画一圆形。

（9）执行菜单栏"绘图"/"点"/"定数等分"命令，选择圆形，输入分段数5，将圆周5等分。

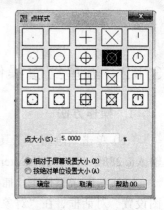

图 3-4　设置点样式

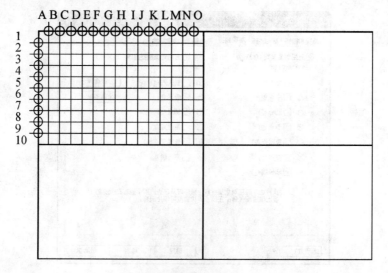

图 3-5　等分矩形

（10）单击"修改"工具栏中的"旋转"按钮，选择圆周上的5个点，按回车确认选择，以圆心作为基点进行旋转，使一点位于圆心的正上方。

（11）单击"绘图"工具栏中的"多段线"按钮，连接圆周上的点，形成五角星，如图3-6所示。

图 3-6 绘制大五角星

（12）单击"绘图"工具栏中的"圆"按钮，以 2、J 轴交点处为圆心、1 等份为半径画一圆形。使用"定数等分"命令将圆周 5 等分。

（13）单击"绘制"工具栏中的"直线"按钮，绘制线段连接大圆与小圆圆心。

（14）单击"修改"工具栏中的"旋转"按钮，选择圆周上的 5 个点，以圆心作为基点进行旋转，使一点正对于大五角星中心。连接圆周上的点，形成五角星，如图3-7所示。

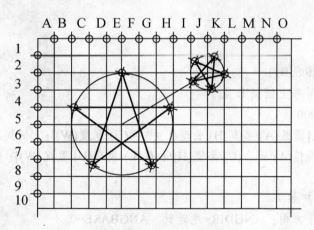

图 3-7 绘制小五角星

（15）同理，再分别以 4，L，7，L，9，J 轴的交点为圆心、1 等份为半径画圆形，做出其他 3 个小五角星，如图3-8所示。

（16）选择所有圆、线段等辅助线，按<Delete>键删除。

（17）单击"修改"工具栏中的"修剪"按钮，选择所有五角星并回车，然后单击五角星内部需要去掉的线段。修剪完成后，如图3-9所示。

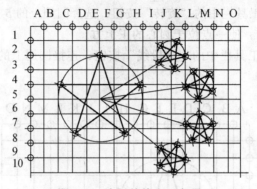

图 3-8 绘制其他小五角星

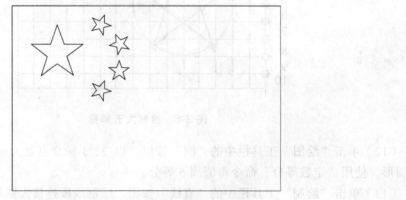

图 3-9 五星红旗

（18）对红旗进行填充，具体方法参见前面章节，最终效果如图 3-1 所示。

2. 命令显示

（1）绘制多段线

命令：_pline（多段线）

指定起点：（在屏幕上捕捉 B 点）

当前线宽为 0.0000

指定下一个点或[圆弧(A)/半宽(H)/长度(L)/放弃(U)/宽度(W)]：（捕捉第二点：A 点）

指定下一点或[圆弧(A)/闭合(C)/半宽(H)/长度(L)/放弃(U)/宽度(W)]：（捕捉 C 点）

（2）旋转图形

命令：_rotate（旋转）

UCS 当前的正角方向：ANGDIR=逆时针　ANGBASE=0

选择对象：找到 1 个（选择要旋转的对象）

选择对象：找到 1 个，总计 2 个

选择对象：（回车确认选择）

指定基点：（选择五角星中心作为基点）

指定旋转角度，或[复制(C)/参照(R)]<0>：R（选择参照方式）

指定参照角<0>：

指定第二点：（选择小五角星中心和一角）

指定新角度或[点(P)]<0>：（选择大五角星中心）

3. 对象修剪

命令：_trim

当前设置：投影=UCS，边=无

选择剪切边...

选择对象或<全部选择>：找到 1 个（选择要修剪的五角星）

选择对象：（回车确认选择）

选择要修剪的对象，或按住<Shift>键选择要延伸的对象，或[栏选(F)/窗交(C)/投影(P)/边(E)/删除(R)/放弃(U)]：（单击五角星内部要去掉的线段）

选择要修剪的对象，或按住<Shift>键选择要延伸的对象，或[栏选(F)/窗交(C)/投影(P)/边(E)/删除(R)/放弃(U)]：（单击五角星内部要去掉的线段）

选择要修剪的对象，或按住<Shift>键选择要延伸的对象，或[栏选(F)/窗交(C)/投影(P)/边(E)/删除(R)/放弃(U)]：（单击五角星内部要去掉的线段）

选择要修剪的对象，或按住<Shift>键选择要延伸的对象，或[栏选(F)/窗交(C)/投影(P)/边(E)/删除(R)/放弃(U)]：（单击五角星内部要去掉的线段）

选择要修剪的对象，或按住<Shift>键选择要延伸的对象，或[栏选(F)/窗交(C)/投影(P)/边(E)/删除(R)/放弃(U)]：（回车结束修剪）

3.2 衣橱绘制

3.2.1 衣橱图形分析

衣橱立面造型比较简单，由一对橱体组成。制作时可以用矩形、线等绘制出一侧橱体，再通过镜像或复制完成另一侧橱体的制作。也可先绘制出衣橱立面轮廓的矩形，连接上下边中点，完成衣橱制作。衣橱制作效果如图 3-10 所示。

3.2.2 衣橱操作步骤

1. 操作方法一

（1）单击"绘图"工具栏中的"矩形"按钮，拾取绘图窗口中的任意一点，在命令行中输入@1 600，－2 400 并回车确认，绘制一个矩形。

（2）单击"修改"工具栏中的"分解"按钮，选择矩形，将矩形分解。

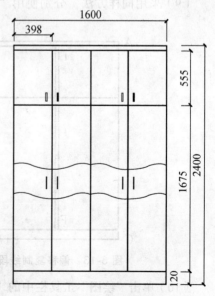

图 3-10 衣橱示意图

（3）单击"修改"工具栏中的"偏移"按钮，在命令行中输入 120，回车确认，选择线段 CD，单击线段 CD 上方，进行偏移复制，结果如图 3-11 所示。

（4）单击"修改"工具栏中的"偏移"按钮，在命令行中输入 50，回车确认，选择线段 AB，单击线段 AB 下方，对线段 AB 进行偏移复制。

（5）单击"绘图"工具栏中的"直线"按钮，连接上面偏移复制出两条线段的中点，如图 3-12 所示。

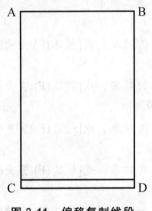

图 3-11　偏移复制线段一

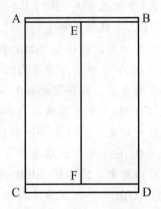

图 3-12　偏移复制线段二

（6）单击"修改"工具栏中的"偏移"按钮，在命令行中输入 600，回车确认，选择线段 AB，在线段 AB 上方单击，对线段 AB 进行偏移复制。

（7）回车重复执行偏移命令，在命令行中输入 5，回车确认，选择线段 EF，单击线段 EF 左侧，再选择线段 EF，单击线段 EF 右侧，对线段 EF 偏移复制。

（8）单击"修改"工具栏中的"删除"按钮，选择线段 EF，回车确认，将线段删除，结果如图 3-13 所示。

（9）采用同样方法，分别使用"偏移"工具对图形进行修改，结果如图 3-14 所示。

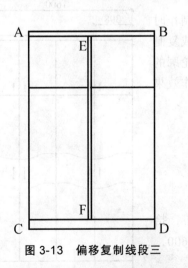

图 3-13　偏移复制线段三

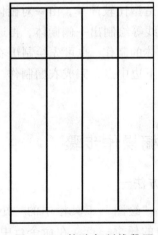

图 3-14　偏移复制线段四

（10）单击"绘图"工具栏中的"样条曲线"按钮，在衣橱立面绘制一条样条曲线，如图 3-15 所示。

（11）单击"修改"工具栏中的"复制"按钮，选择样条线，回车确认，选定基点，输入@0，－300，将样条线向下复制。

（12）单击"修改"栏中的"镜像"按钮，选择绘制好的两条曲线，将它镜像到衣橱右侧的门上。

（13）单击"修改"工具栏中的"复制"按钮，选择镜像后的 4 条样条曲线，右击，然后拾取图形上的一点，将其复制到衣橱的右侧，结果如图 3-16 所示。

（14）单击"绘图"工具栏中"矩形"按钮，拾取绘图窗口中一点，在命令行中输入@10，－120 并回车，画一个小矩形作为门拉手。

（15）单击"修改"工具栏的"复制"按钮，将绘制好的矩形进行多次复制，最终效果如图 3-17 所示。

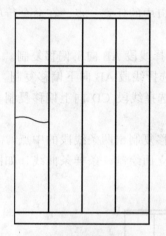

图 3-15　绘制曲线

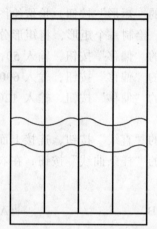

图 3-16　偏移复制线段五

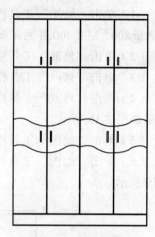

图 3-17　衣橱效果

2. 命令显示

（1）绘制样条曲线

命令：_spline（样条曲线）

指定第一个点或[对象(O)]：（确定样条曲线的第一点）

指定下一点：（确定样条曲线的第二点）

指定下一点或[闭合(C)/拟合公差(F)]<起点切向>：（确定样条曲线的第三点）

指定下一点或[闭合(C)/拟合公差(F)]<起点切向>：（确定样条曲线的第四点）

指定下一点或[闭合(C)/拟合公差(F)]<起点切向>：（回车确认）

指定起点切向：（回车确认）

指定端点切向：（回车确认）

（2）复制图形

命令：_copy（复制）

选择对象：找到 1 个（选择要复制对象）

选择对象：（回车确认选择）

指定基点或[位移(D)/多个(M)]<位移>：

指定第二个点或<使用第一个点作为位移>：@0，－300（将对象垂直中下复制 300）

（3）镜像图形

命令：_mirror（镜像）

选择对象：找到 1 个（选择要镜像的曲线）

选择对象：找到 1 个，总计 2 个

选择对象：（回车确认选择）

指定镜像线的第一点：

指定镜像线的第二点：（选择镜像轴线上两点）

要删除源对象吗？[是（Y）/否（N）]<N>：N（选择镜像时不删除源对象）

3. 操作方法二

（1）单击"绘图"工具栏中的"矩形"按钮，拾取绘图窗口中的任意一点，在命令行中输入@800，－2 400 并回车确认，绘制一个矩形，将矩形分解。

（2）单击"修改"工具栏中的"偏移"按钮，输入 50，选择线段 AB 向下偏移复制。

（3）单击"修改"工具栏中的"偏移"按钮，输入 600，选择线段 AB 向下偏移复制。

（4）单击"修改"工具栏中的"偏移"按钮，输入 120，选择线段 CD 向上偏移复制，结果如图 3-18 所示。

（5）单击"绘图"工具栏中的"直线"按钮，连接上面偏移复制出两条线段的中点。

（6）单击"绘图"工具栏中的"样条曲线"按钮，在衣橱立面绘制一条样条曲线，如图3-19 所示。

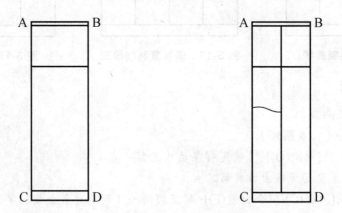

图 3-18　偏移复制线段一（方法二）　　图 3-19　绘制曲线线（方法二）

（7）单击"修改"工具栏中的"复制"按钮，选择样条线，回车确认，选定基点，输入@0，－300，将样条线向下复制。

（8）单击"修改"工具栏中的"镜像"按钮，选择绘制好的两条曲线，回车确认，将它镜像到衣橱右侧的门上，结果如图3-20 所示。

（9）单击"绘图"工具栏中"矩形"按钮，拾取绘图窗口中任意一点，在命令行中输入@10，－120 并回车确认，画一个小矩形作为门拉手。

（10）单击"修改"工具栏的"复制"按钮，将绘制好的矩形进行多次复制，结果如图3-21 所示。

（11）单击"修改"工具栏的"复制"按钮，选择所有图形，复制出另一半橱体，结果如图 3-22 所示。

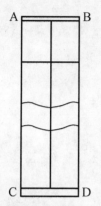
图 3-20　偏移复制线段二（方法二）

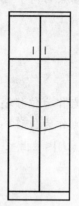
图 3-21　复制矩形（方法二）

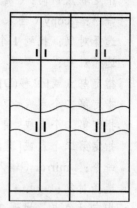
图 3-22　复制橱体

（12）使用"偏移"、"修剪"等工具对图形进行修改，最终结果如图 3-10 所示。

4. 命令显示

命令：_offset（输入命令）

当前设置：删除源=否　图层=源　OFFSETGAPTYPE=0

指定偏移距离或[通过(T)/删除(E)/图层(L)]<通过>：50（输入偏移距离）

指定要偏移的那一侧上的点，或[退出(E)/多个(M)/放弃(U)]<退出>：

选择要偏移的对象，或[退出(E)/放弃(U)]<退出>：

当前设置：删除源=否　图层=源　OFFSETGAPTYPE=0

指定偏移距离或[通过(T)/删除(E)/图层(L)]<50.0000>：600（输入偏移距离）

当前设置：删除源=否　图层=源　OFFSETGAPTYPE=0

指定偏移距离或[通过(T)/删除(E)/图层(L)]<600.0000>：120（输入偏移距离）

选择要偏移的对象，或[退出(E)/放弃(U)]<退出>：

指定要偏移的那一侧上的点，或[退出(E)/多个(M)/放弃(U)]<退出>：

选择要偏移的对象，或[退出(E)/放弃(U)]<退出>：

命令：_line

指定第一点：_mid

指定下一点或[放弃(U)]：

指定下一点或[放弃(U)]：

命令：_spline

指定第一个点或[对象(O)]：_nea

到*取消*

指定第一个点或[对象(O)]：_nea

指定下一点或[闭合(C)/拟合公差(F)]<起点切向>：_nea

指定下一点或[闭合(C)/拟合公差(F)]<起点切向>：_nea

指定下一点或[闭合(C)/拟合公差(F)]<起点切向>：

指定起点切向：（确定样条线起点切向）

指定端点切向：（确定样条线端点切向）

命令：_copy（输入命令）

选择对象：找到 1 个

选择对象：

指定基点或[位移(D)]<位移>：

指定第二个点或<使用第一个点作为位移>：

指定第二个点或<使用第一个点作为位移>：@0，-300

指定第二个点或[退出(E)/放弃(U)]<退出>：

命令：_mirror（输入命令）

选择对象：

指定对角点：找到 2 个

选择对象：

指定镜像线的第一点：

指定镜像线的第二点：（确定镜像轴）

要删除源对象吗？[是（Y）/否（N）]<N>：（直接确定完成镜像操作）

命令：_rectang（输入命令）

指定第一个角点或[倒角(C)/标高(E)/圆角(F)/厚度(T)/宽度(W)]：

指定另一个角点或[面积(A)/尺寸(D)/旋转(R)]：@10，-120

命令：_rectang

指定第一个角点或[倒角(C)/标高(E)/圆角(F)/厚度(T)/宽度(W)]：

指定另一个角点或[面积(A)/尺寸(D)/旋转(R)]：@10，80

命令：_mirror

选择对象：

指定对角点：找到 2 个

指定镜像线的第一点：

指定镜像线的第二点：

要删除源对象吗？[是（Y）/否（N）]<N>：

命令：_mirror

选择对象：

指定对角点：找到 16 个

指定镜像线的第一点：

指定镜像线的第二点：

要删除源对象吗？[是（Y）/否（N）]<N>：

命令：_trim

当前设置：投影=UCS，边=无

选择剪切边…

选择对象或<全部选择>：

指定对角点：找到 1 个

选择对象：

指定对角点：找到 1 个，总计 2 个（右击，结束选择对象）

选择要修剪的对象,或按住 Shift 键选择要延伸的对象,或[栏选(F)/窗交(C)/投影(P)/边(E)/删除(R)/放弃(U)]：

指定对角点：

选择要修剪的对象,或按住 Shift 键选择要延伸的对象,或[栏选(F)/窗交(C)/投影(P)/边(E)/删除(R)/放弃(U)]：

指定对角点：

选择要修剪的对象,或按住 Shift 键选择要延伸的对象,或[栏选(F)/窗交(C)/投影(P)/边(E)/删除(R)/放弃(U)]：（右击，选择确认结束修剪操作）

3.3　基本编辑命令

3.3.1　绘制多段线

1. 功　能

绘制多段线。

2. 命令输入

（1）菜单方式："绘图" / "多段线"。

（2）工具按钮："绘图" / "多段线"。

（3）命令：Pline。

输入命令后，出现如下提示：

指定起点：在屏幕上捕捉起点 B

当前线宽为 0.0000

指定下一个点或[圆弧(A)/半宽(H)/长度(L)/放弃(U)/宽度(W)]：

指定下一点或[圆弧(A)/闭合(C)/半宽(H)/长度(L)/放弃(U)/宽度(W)]：

3. 命令选项

指定下一点：默认选项，直接输入一点，画从上一点到该点的一段多段线。

圆弧（A）：输入 A 选取该项，表示将多段线的绘制方式由直线改为圆弧。

半宽（H）：选取该项，表示将设置多段线的半宽，即输入值是多段线宽度的一半。输入 H，继续提示：

指定起点半宽<0.0000>：（输入多段线起点宽度的一半）

指定端点半宽<0.0000>：（输入多段线端点宽度的一半）

长宽（L）：输入 l 选取该项，继续提示：

指定直线的长度：（输入多段线的长度）

放弃（U）：输入 U 选取该项，取消刚绘制的上一条多段线。

宽度（W）：重新设置多段线的宽度值。输入 W，继续提示：

指定起点宽度<0.0000>:（输入多段线的起点宽度）

指定端点宽度<0.0000>:（输入多段线的端点宽度）

3.3.2 旋转图形

1. 功　能

旋转图形实体。

2. 命令输入

（1）菜单方式："修改" / "旋转"。

（2）工具按钮："修改" / "旋转"。

（3）命令：Rotate。

输入命令后，出现如下提示：

UCS 当前的正角方向：ANGDIR=逆时针　ANGBASE=0

选择对象：找到 1 个

选择对象：

指定基点：

指定旋转角度，或[复制(C)/参照(R)]<0>: R（选择参照方式）

指定参照角<0>:

指定第二点：（选择小五角星中心和一角）

指定新角度或[点(P)]<0>:（选择大五角星中心）

3. 命令选项

选择对象：选择需要旋转的图形对象，可以一次选择多个，回车确认选择。

指定基点：选择对象旋转的中心点。

指定旋转角度：默认选项，确定旋转角度。选取该项，直接输入要旋转的角度，也可采用拖动方式确定相对旋转角度，则所选图形绕基点旋转相应角度。

复制（C）：进行旋转复制，输入 C 选取该项，则在此后的旋转操作中，可以进行多次旋转操作。

参照（R）：以相对角度方式旋转图形。输入 R 选取该项，继续出现如下提示：

指定参照角<0>:输入参照角度。

指定新角度或[点(P)]<0>:输入新的旋转角度。

3.3.3 绘制样条曲线

1. 功　能

绘制样条曲线。

2．命令输入

（1）菜单方式："绘图" / "样条曲线"。

（2）工具按钮："绘图" / "样条曲线"。

（3）命令：Spline。

输入命令后，出现如下提示：

指定第一个点或[对象(O)]：

指定下一点：

指定下一点或[闭合(C)/拟合公差(F)]<起点切向>：

指定下一点或[闭合(C)/拟合公差(F)]<起点切向>：

指定起点切向：

指定端点切向：

3．命令选项

指定第一个点：直接输入样条曲线的第一点。

对象（O）：表示将由 Pedit 编辑命令得到的多段线转化成等价的样条曲线。输入 O 选中该项，系统继续出现如下提示：

选择要转换为样条曲线的对象…：提示下面将选择要转化为样条曲线的对象。

选择对象：选择对象，则将所选择对象转化为样条曲线。

指定下一点：输入样条曲线下一点。

闭合（C）：表示将当前点与样条曲线的起点连起来，形成一个封闭的样条曲线，此时就不需要指定起点与终点的切线方向了。

拟合公差（F）：表示将设置样条曲线的拟合公差（即曲线与输入点的偏离程度），系统出现如下提示：

指定拟合公差<0.0000>：输入样条曲线的拟合公差。

起点切向：选择该选项，直接回车，则转入定义样条曲线的起点方向步骤。

3.3.4　复制图形

1．功　能

将选定图形一次或多次重复绘制。

2．命令输入

（1）菜单方式："修改" / "复制"。

（2）工具按钮："修改" / "复制"。

（3）命令：Copy。

输入命令后，出现如下提示：

选择对象：（选择要复制的图形对象，回车确认选择）

指定基点或[位移(D)/多个(M)]<位移>：

指定第二个点或<使用第一个点作为位移>：

3. 命令选项

指定基点：指定要复制对象的基准点。

位移（D）：输入对象移动复制的距离。

多个（M）：可将选定图形随意进行多次复制。

3.3.5　镜像图形

1. 功　能

对所选图形进行镜像复制。

2. 命令输入

（1）菜单方式："修改" / "镜像"。

（2）工具按钮："修改" / "镜像"。

（3）命令：Mirror。

输入命令后，出现如下提示：

选择对象：（选择要镜像的图形对象，回车确认选择）

指定镜像线的第一点：

指定镜像线的第二点：

要删除源对象吗？[是（Y）/否（N）]<N>：N（选择镜像时不删除源对象）

3. 说　明

（1）镜像线由输入的两点决定，该线不一定要是真实存在的图形，而且镜像线可以是任意角度的直线，不一定必须是水平或垂直线。

（2）对文本镜像复制时，有两种结果：一是完全镜像，即它的位置和顺序与其他图形都发生了镜像；二是部分镜像，即文本的顺序不变，其他图形发生镜像。这两种结果由文字镜像变量 MIRRTEXT 控制。当 MIRRTEXT = 0 时，部分镜像；当 MIRRTEXT = 1 时，完全镜像。镜像效果如图 3-23 所示。

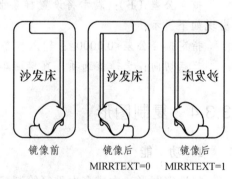

图 3-23　镜像效果

3.4　图框、标题栏绘制

3.4.1　横幅图框、标题栏绘制操作步骤

横幅图框、标题栏效果如图 3-24 所示。

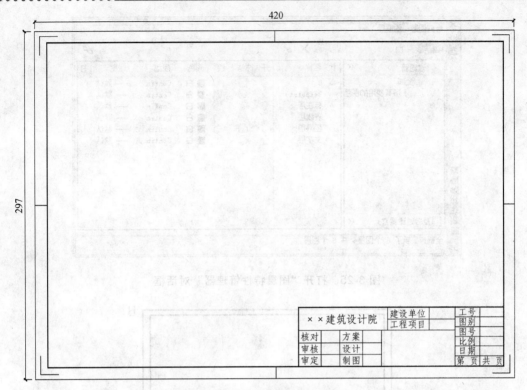

图 3-24 横幅图框、标题栏效果

一般工程的图框分为 A0、A1、A2、A3、A4 几种，其尺寸大小各不一样。本节中以 A3 图框为例，介绍横向和纵向图框的制作。横向 A3 图框的尺寸为 420×297，外线为细线、内线为粗线，如图 3-24 所示。可以用输入点的坐标的方法，也可以用绘制矩形的方法制作外框，通过偏移工具完成内框的制作。

本节中标题栏的尺寸为 180×50，对矩形分解后的线段进行偏移，再通过修剪、删除等修改完成标题栏制作。文字采用两种大小的字号：7 和 3.5，通过定义文字样式，使用多行文字完成标题栏文字注写。

1. 操作方法

（1）执行"格式"/"图层"命令，打开"图层特性管理器"对话框。

（2）单击"新建图层"按钮，建立新图层，命名为"图框层"。

（3）回车继续建立新图层，命名为"表线层"，同理建立"文字层"等其他图层。

（4）双击"图框层"项，使其前面出现对号，成为当前图层，如图 3-25 所示。

（5）单击"绘图"工具栏中的"矩形"按钮，拾取绘图窗口中的任意一点，在命令行中输入@420，297 并回车确认，绘制一个矩形。

（6）单击"修改"工具栏中的"偏移"按钮，输入偏移距离为 10，选择上面绘制的矩形，在矩形内部单击，将矩形向内偏移复制，如图 3-26 所示。

（7）单击"绘图"工具栏中的"直线"按钮，捕捉 A 点，向右水平移动鼠标，输入 4 并回车，确定线段起点，输入@0，−20 并回车，绘制一条竖线段。

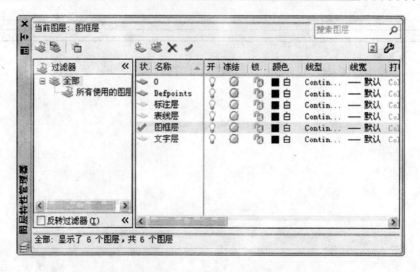

图 3-25　打开"图层特性管理器"对话框

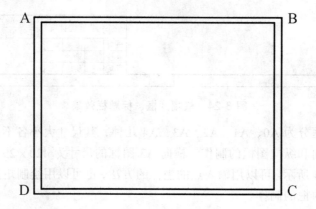

图 3-26　矩形偏移后形态

（8）回车重复直线绘制，捕捉 A 点，向下移动鼠标，输入 4 并回车，输入@20，0 并回车，绘制一条水平线段。

（9）单击"修改"工具栏中的"修剪"按钮，选择前面绘制的两条线段并回车，然后单击需要修剪的线段，修剪完成后，如图 3-27 所示。

（10）单击"修改"栏中的"镜像"按钮，选择修剪后的两条线段并回车，以线段 AB、CD 的中点连线为镜像轴，将线段镜像复制到右上角。

（11）同样方法，将线段镜像复制到左下角和右下角。

（12）单击"绘图"工具栏中的"直线"按钮，分别连接内外矩形各边中点作线段，如图 3-29 所示。

（13）单击"图层"工具栏中的"图层控制"下拉列表框，选择"表线层"，使其成为当前图层。

（14）单击"绘图"工具栏中的"矩形"按钮，捕捉 C 点内侧矩形角点并回车，然后输入@－180，50 并回车，完成矩形绘制。

（15）单击"修改"工具栏中的"分解"按钮，选择矩形并回车，将矩形分解。

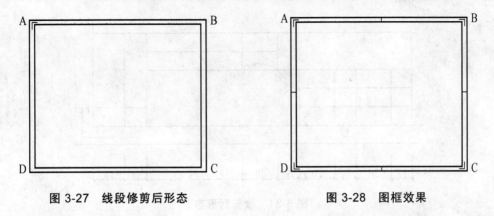

图 3-27　线段修剪后形态　　　　　　　　　图 3-28　图框效果

（16）单击"修改"工具栏中的"偏移"按钮，在命令行中输入 10 并回车，选择矩形下边线段，在上方单击，将线段向上进行偏移复制。

（17）继续重复偏移操作，偏移复制出全部水平线，如图 3-29 所示。

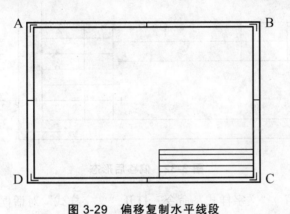

图 3-29　偏移复制水平线段

（18）单击"修改"工具栏中的"偏移"按钮，按如图 3-30 所示的间距进行偏移，完成竖线段的偏移复制。

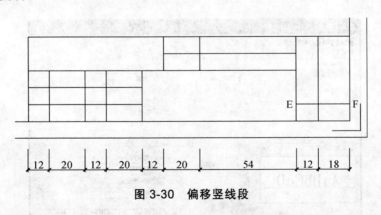

图 3-30　偏移竖线段

（19）单击"修改"工具栏中的"修剪"按钮，选择矩形及上面偏移出的所有线段并回车，然后单击需要去掉的线段。修剪完成后的形态如图 3-31 所示。

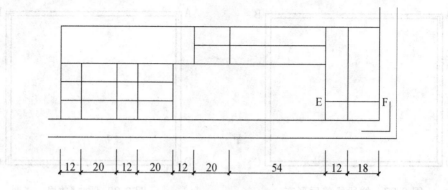

图 3-31 修剪后形态

（20）单击"修改"工具栏中的"偏移"按钮，输入 8，对线段 EF 进行偏移复制，偏移后的形态如图 3-32 所示。

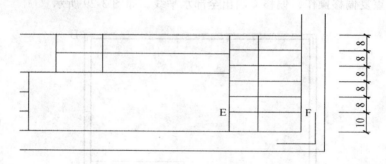

图 3-32 偏移后形态

（21）选择"格式"/"文字样式"命令，打开"文字样式"对话框。

（22）在对话框中新建"标题文字"文字样式，如图 3-33 所示。

（23）单击"绘图"工具栏中的"多行文字"按钮，输入文字"××建筑设计院"，文字对齐方式选择"正中 MC"，如图 3-34 所示。

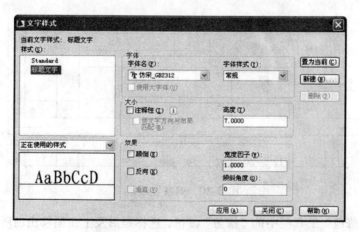

图 3-33 "文字样式"对话框

图 3-34　建立文字

（24）单击"文字格式"对话框中"确定"按钮完成文字格式设置。

（25）同理，单击"绘图"工具栏中的"多行文字"按钮，在下方格中输入文字"核对"，文字对齐方式选择"正中 MC"，字号 3.5。

（26）单击"修改"工具栏中的"复制"按钮，选择文字"核对"并回车，选定基点，将文字复制到其他方格中，如图 3-35 所示。

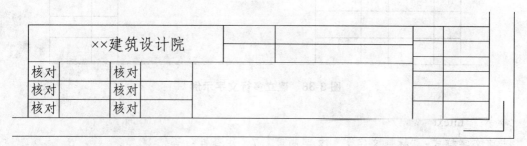

图 3-35　复制文字

（27）双击需要修改的文字进行修改，如图 3-36 所示。

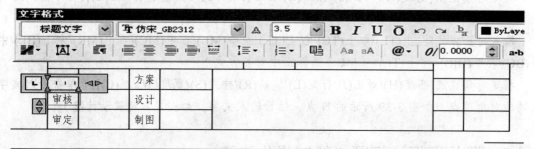

图 3-36　修改复制后文字

（28）同样方式，完成其他文字的书写，如图 3-37 所示。

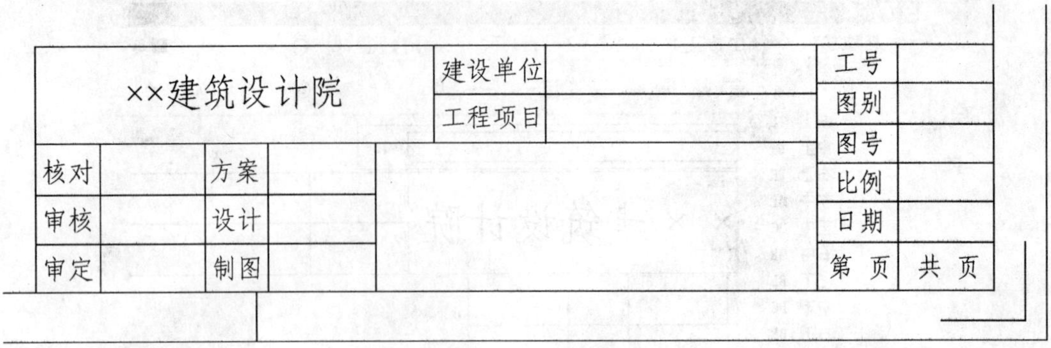

××建筑设计院		建设单位			工号	
		工程项目			图别	
核对		方案			图号	
审核		设计			比例	
					日期	
审定		制图			第 页	共 页

图 3-37　文字完成效果

（29）最终完成效果，如图 3-24 所示。

2. 命令显示。

图 3-38 所示为建立多行文字的示例。

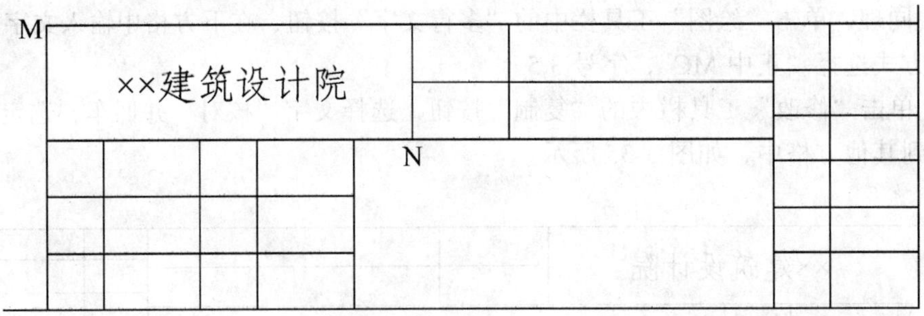

图 3-38　建立多行文字示例

命令：_mtext

当前文字样式："标题文字"　　文字高度：7　注释性：否

指定第一角点：（单击输入文字区域的一个顶点，如图 3-39 所示 M 点）

指定对角点或[高度(H)/对正(J)/行距(L)/旋转(R)/样式(S)/宽度(W)/栏(C)]：J（输入对齐方式）

输入对正方式[左上(TL)/中上(TC)/右上(TR)/左中(ML)/正中(MC)/右中(MR)/左下(BL)/中下(BC)/右下(BR)]<左上(TL)>：MC（选择正中对齐方式）

指定对角点或[高度(H)/对正(J)/行距(L)/旋转(R)/样式(S)/宽度(W)/栏(C)]：（单击输入文字区域的对角顶点，如图 3-39 所示的 N 点，然后输入文字，如：××建筑设计院）

3.4.2　竖幅图框、标题栏绘制操作步骤

竖幅图框、标题栏绘制方法与横幅图框、标题栏制作方法大致相似。用直线绘制并使用偏移、修剪后完成图框制作；用直线建立文字表格后再填入相应文字，完成标题栏制作。制作效果如图 3-39 所示。

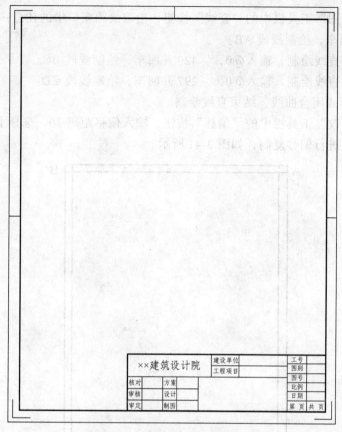

图 3-39　竖幅图框、标题栏效果

1.　操作方法

（1）执行"格式"/"图层"命令，打开"图层特性管理器"对话框。

（2）单击"新建图层"图标，建立新图层，命名为"图框层"。

（3）回车继续建立新图层，命名为"表线层"，同理建立"文字层"等其他图层。

（4）双击"图框层"项，使其前面出现对号，成为当前图层，如图 3-40 所示。

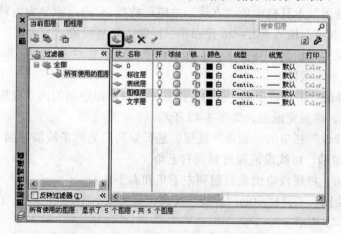

图 3-40　"图层特性管理器"对话框

（5）单击"绘图"工具栏中的"直线"按钮，拾取绘图窗口中的任意一点，在命令行中输入@297，0并回车，绘制线段AB。

（6）回车重复直线绘制，输入@0，−420并回车，绘制线段BC。

（7）回车重复直线绘制，输入@0，−297并回车，绘制线段CD。

（8）按C键形成闭合曲线，结束直线绘制。

（9）单击"修改"工具栏中的"偏移"按钮，输入偏移距离10，选择上面绘制的线段，在线段内部单击，进行偏移复制，如图3-41所示。

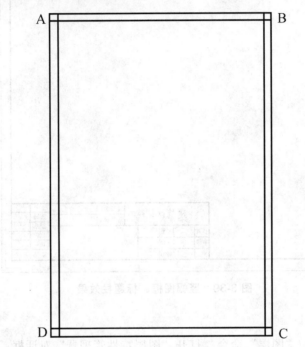

图3-41　线段偏移后形态

（10）单击"修改"工具栏中的"修剪"按钮，选择前面偏移出的4条线段并回车，对多余部分进行修剪。

（11）单击"绘图"工具栏中的"直线"按钮，捕捉A点，水平向右移动鼠标，输入4并回车，确定线段起点，输入@0，−20并回车，绘制一条竖线段。

（12）回车重复直线绘制，捕捉A点，竖直向下移动鼠标输入4并回车，再输入@20，0并回车，绘制一条水平线段。

（13）单击"修改"工具栏中的"修剪"按钮，选择前面绘制的两条线段并回车，然后单击需要修剪的线段，修剪完成后，如图3-42所示。

（14）单击"修改"栏中的"镜像"按钮，选择修剪后的两条线段并回车，以线段AB、CD中点连线为镜像轴，将线段镜像复制到右上角。

（15）同样方法，将线段也镜像复制到左下角和右下角。

（16）单击"绘图"工具栏中的"直线"按钮，分别从AB、BC、CD、DA中心向内侧线段做垂线，如图3-43所示。

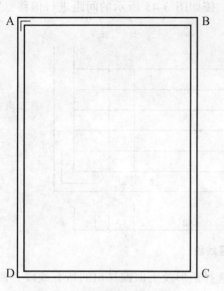

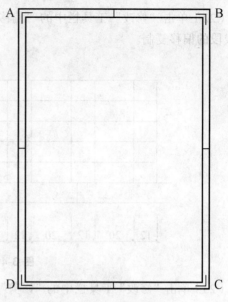

图 3-42　线段修剪后形态　　　　　　　　　　图 3-43　图框效果

（17）打开"图层特性管理器"对话框，双击"表线层"项，使表线层成为当前图层。

（18）单击"绘图"工具栏中的"矩形"按钮，捕捉 C 点内侧矩形角点并回车，输入@－180，50 并回车，完成矩形绘制

（19）选择矩形，单击"修改"工具栏中的"分解"按钮，将矩形分解。

（20）单击"修改"工具栏中的"偏移"按钮，在命令行中输入 10 并回车，选择矩形下侧边，在上方单击，对线段向上进行偏移复制。

（21）继续重复偏移操作，偏移复制出全部水平线，如图 3-44 所示。

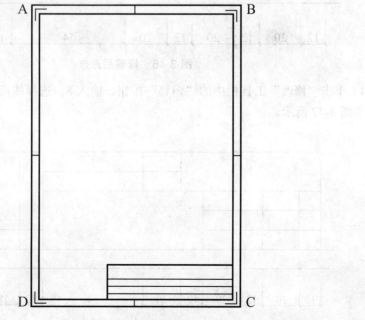

图 3-44　偏移复制水平线段

（22）单击"修改"工具栏中的"偏移"按钮，按如图 3-45 所示的间距进行偏移，完成竖线段的偏移复制。

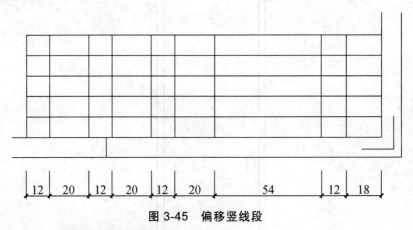

图 3-45　偏移竖线段

（23）单击"修改"工具栏中的"修剪"按钮，选择矩形及上面偏移出的所有线段并回车，然后单击需要去掉的线段进行修剪。修剪后的形态如图 3-46 所示。

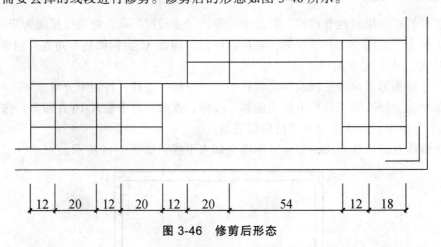

图 3-46　修剪后形态

（24）单击"修改"工具栏中的"偏移"按钮，输入 8，选择线段进行偏移复制。偏移后的形态如图 3-47 所示。

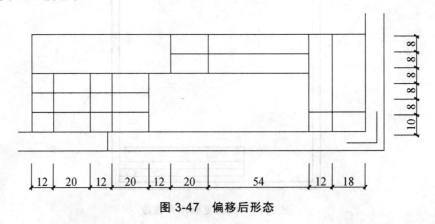

图 3-47　偏移后形态

（25）执行菜单栏"格式"/"文字样式"命令，打开"文字样式"对话框。

（26）在对话框中新建"标题文字"文字样式，选择字体，输入合适高度，如图3-48所示。

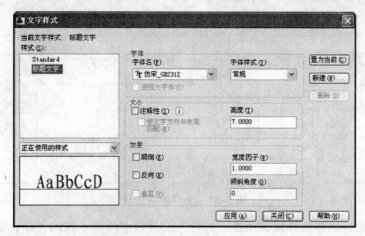

图 3-48 "文字样式"对话框

（27）单击"绘图"工具栏中的"多行文字"按钮，输入文字"核对"，文字对齐方式选择"正中 MC"，如图3-49所示。

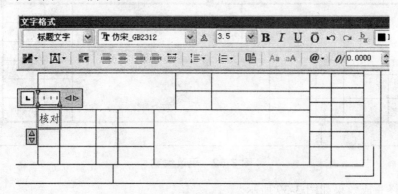

图 3-49 建立文字

（28）单击"文字格式"对话框中"确定"按钮完成文字。

（29）单击"修改"工具栏中的"复制"按钮，选择文字"核对"并回车，选定基点，将文字复制到其他相同大小的方格中，如图3-50所示。

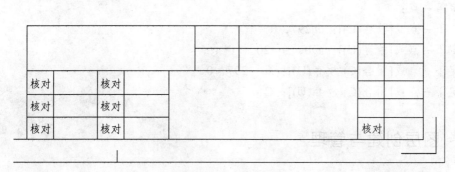

图 3-50 复制文字

（30）双击需要更改的文字进行更改。

（31）按相同方法完成其他文字的注写，如图 3-51 所示。

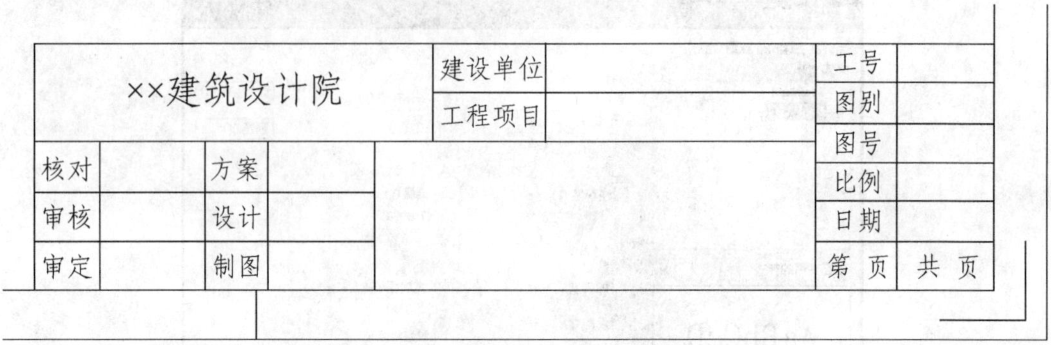

××建筑设计院
建设单位
工程项目
工号
图别
图号
比例
日期
核对
方案
审核
设计
审定
制图
第 页 共 页

图 3-51 文字注写完成

（32）选择标题栏外侧线段，单击“特性”工具栏中线宽下拉列表框，更改为较粗的线宽，如图 3-52 所示。

ByLayer
ByLayer
0.30 毫米
BYCOLOR
××建筑设计院
建设单位
工程项目
工号
图别
图号
比例
日期
核对
方案
审核
设计
审定
制图
第 页 共 页

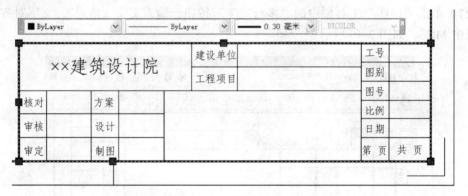

图 3-52 更改线宽

（33）最终完成效果如图 3-39 所示。

2. **命令显示**

绘制图框外线。

命令：_line

指定第一点：

指定下一点或[放弃(U)]：@297，0

指定下一点或[放弃(U)]：@0，－420

指定下一点或[闭合(C)/放弃(U)]：@－297，0

指定下一点或[闭合(C)/放弃(U)]：C

3.4.3 图层创建与管理

图层是 AutoCAD 2010 提供的一个管理图形对象的工具，用户可以根据图层对图形几何对象、文字及标注等进行归类处理。使用图层来管理它们，不仅能使图形的各种信息清晰、有序、便于观察，而且也会给图形的编辑、修改和输出带来很大的方便。

1. 图层特性管理器

AutoCAD 2010 提供了图层特性管理器，如图 3-53 所示。可以通过以下方法打开图层特性管理器。

（1）选择"格式"/"图层"。

（2）在命令行中输入 layer 命令。

（3）单击工具栏中"图层"按钮。

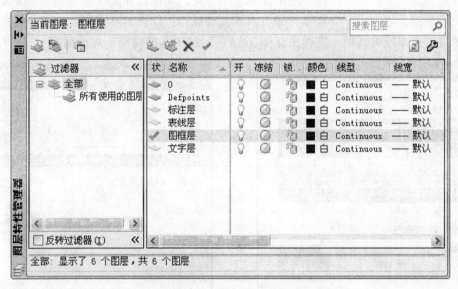

图 3-53　图层特性管理器

图层特性管理器具有以下功能：将图层置为当前图层，添加新图层，删除图层和重命名图层。可以指定图层特性、打开和关闭图层、全局地或按视口冻结和解冻图层、锁定和解锁图层、设置图层的打印样式以及打开和关闭图层打印。图层过滤器控制将在列表中显示的图层，也可以用于同时更改多个图层。切换空间时（从模型空间切换到图层空间或从图层切换到视口），将更新图层特性管理器并在当前空间中显示图层特性和过滤器选择的当前状态。

2. 创建新图层

默认情况下，图层 0 将被指定使用 7 号颜色（白色或黑色，由背景色决定）、Continuous 线型、默认线宽及 NORMAL 打印样式。在绘图过程中，如果要使用更多的图层来组织图形，就需要先创建新图层 。

在一幅图形中可指定任意数量的图层，系统对图层数没有限制，对每一图层上的对象数也没有任何限制。在图层特性管理器中单击"新建图层"按钮或按<Alt> + <N>键可以建立一个新的图层，默认层名为"图层 1"，用户可按需要更改新层名，新层的颜色、线型和线宽等自动继承选定图层的特性。

3. 设置图层颜色

颜色在图形中具有非常重要的作用，可用来表示不同的组件、功能和区域。图层的颜色实际上是图层中图形对象的颜色。每个图层都拥有自己的颜色，对不同的图层可以设置相同的颜色，也可以设置不同的颜色，绘制复杂图形时就可以很容易区分图形的各部分。

在为图层设置颜色时，可单击选定图层的颜色框，在弹出的"选择颜色"对话框中选择颜色，如图 3-54 所示。

4. 管理线型

线型是指图形基本元素中线条的组成和显示方式，如虚线和实线等。在 AutoCAD 2010 中既有简单线型，也有由一些特殊符号组成的复杂线型，以满足不同国家或行业标准的使用要求。单击选定图层的线型，则弹出如图 3-55 所示的"选择线型"对话框。

图 3-54 "选择颜色"对话框任务

图 3-55 "选择线型"对话框

在对话框中有一个大列表框，其中列出已从线型库中调入的各种线型，供用户选择。"线型"栏显示线型名称，"外观"栏显示线型样式，"说明"栏显示线型描述。默认情况下，在"选择线型"对话框的"已加载的线型"列表框中，只有 Continuous 一种线型，如果要使用其他线型，必须将其加载到"已加载的线型"列表框中。若要加载新的线型，则单击"加载"按钮，从线型库中装载线型。此时 AutoCAD 会弹出"加载或重载线型"对话框，如图 3-56 所示。

AutoCAD 有两个线型库文件，Acad.lin 和 Acadiso.lin，可以单击"文件"按钮指定线型库的路径、文件名。在"可用线型"列表框中列出该线型库文件中的所有线型，供用户选择。

5. 设置线宽

设置线宽就是改变线条的宽度。在 AutoCAD 中，使用不同宽度的线条表现对象的大小或类型，可以提高图形的表达能力和可读性。要设置图层的线宽，可以在"图层特性管理器"选项板的"线宽"列表框中单击该图层对应的线宽"——默认"，打开"线宽"对话框，如图 3-57 所示。在对话框的列表框中，列出了 20 多种线宽可供用户选择。选定后，单击"确定"

按钮，返回"图层特性管理器"对话框。

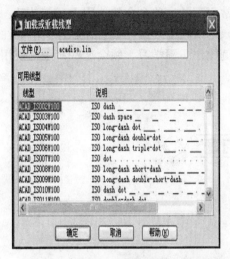

图 3-56 "加载或重载线型"对话框

图 3-57 "线宽"对话框

6. 切换当前层

在"图层特性管理器"对话框的图层列表中，选择某一图层后，单击当前按钮，即可将该层设置为当前层。这时，用户就可以在该层上绘制或编辑图形了。为了操作方便，实际绘图时，主要通过"图层"工具栏（见图 3-58）中的图层控制下拉列表框来实现图层的切换，只需选择要将其设置为当前层的图层名即可。

图 3-58 "图层"工具栏

7. 改变对象所在图层

在实际绘图过程中，有时绘制完某一图形后，发现该图形并没有绘制在预先设置的图层上，这时可选中该元素，并在"图层"工具栏的"图层控制"下拉列表框中选择预设图层名，然后按<Esc>键即可。

8. 删除图层

删除选定图层。只能删除未被参照的图层。参照的图层包括图层 0 和 Defpoints、包含对象（包括块定义中的对象）的图层、当前图层以及依赖外部参照的图层。局部打开图形中的图层也被视为已参照并且不能删除。

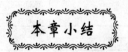

本章小结

本章详细介绍了五星红旗和衣橱的绘制方法，学习了一些绘图过程中常用命令的使用方法与技巧，包括多段线、样条曲线的绘制，图形对象的复制、旋转、偏移及镜像等修改命令。

读者可以结合具体实例操作步骤学习、领会这些命令的使用方法与技巧。本章还详细介绍了图框、标题栏的绘制方法，讲解了在绘图过程中常用到的一些命令的使用方法与技巧。图层特性管理器使用户对 AutoCAD 中图层有了更深入的认识与理解。通过标题栏文字的注写，使用户学会了文字标注的一般方法。结合具体实例操作步骤学习、领会这些命令的使用方法与技巧，达到灵活运用、熟练操作的程度。

思考与练习题

1. 如何使用 Copy 命令，把图形复制到需要的地方？
2. 偏移复制与其他复制方式相比有何区别？
3. 镜像如何操作？有何作用？
4. 如何更改点样式？
5. 如何绘制样条曲线？
6. 绘制图 3-59 所示的图形。

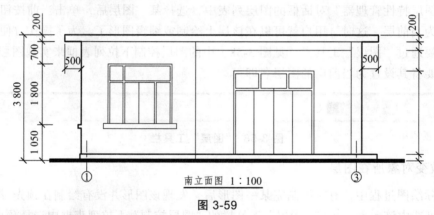

图 3-59

7. 图层锁定与冻结有何区别？
8. 如何将绘制好的图形移到另一个图层上？
9. 为什么有的图层不能被删除？
10. AutoCAD 中标准图框有哪几种？
11. 如何更改图形的线宽并显示？
12. 绘制图 3-60 所示的图形。

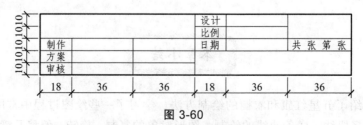

图 3-60

第4章 图层与图块

▰ 知识目标

- 掌握绘图命令（Block、Insert、Wblock 等）。
- 掌握修改命令（Explore）等编辑命令。
- 了解施工图中标高符号和轴线符号的标准画法。

▰ 技能目标

通过一绘图命令和修改命令及各种辅助工具绘制和编辑标高、轴线符号，并能够实现以下能力目标。

- 熟悉修改命令（Explore）及各种辅助工具。
- 掌握 AutoCAD 2010 绘图命令（Block、Insert、Wblock 等）。
- 巩固与复习所学知识技能，达到熟练操作、灵活运用的程度。

▰ 学前导读

前面的章节我们已经学习 AutoCAD 2010 的基本操作和图层，本章学习 AutoCAD 2010 命令使用方法和技巧，能够利用绘图命令（Block、Insert、Wblock 等）和修改命令（Explore）及各种辅助工具绘制和编辑标高、轴线符号。了解施工图中标高符号和轴线符号的标准画法，掌握绘制过程中所需命令的各种子命令的使用方法和技巧，熟练使用命令的快捷方式。

4.1 标高符号绘制

4.1.1 图形分析

建筑施工图中标高符号如图 4-1 所示。由图可知标高符号是由一个高度为 3 mm 的等腰直角三角形与一根长度适中的直线以及标注数据 3 部分组成。施工图中，往往有多处不同位置需要标注不同的标高，下面具体介绍怎样建立标高符号并标注不同的标高值。

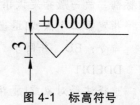

图 4-1 标高符号

4.1.2 操作步骤

1. 方法一

利用"直线"（L）命令，采用相对坐标绘制等腰直角三角形的两条直角边。

重复利用"直线"（L）命令，绘制用于标注标高数字的直线。

利用"单行文字"（DT）命令，标注标高数据。

利用"复制"（CO）命令，复制标高符号及标注数据到相应位置。

用"编辑文字"（ED）命令修改标注数据。

（1）绘制符号

命令：L 并回车

LINE

指定第一点：（可在屏幕上任意指定一点）

指定下一点或[放弃(U)]：@3，－3

指定下一点或[放弃(U)]：@3，3

（2）标注数据

命令：DT 并回车

TEXT

当前文字样式："标高数据" 文字高度：3.5000 注释性：否

指定文字的起点或[对正(J)/样式(S)]：（指定合适的文字起点位置，若文字样式需要修改的，则先选择字母S输入正确的文字样式名）

指定文字的旋转角度<0>：回车

（输入标高数据，完毕）

（光标单击别处，确定，结束命令）

（3）复制符号并编辑数据

命令：CO 并回车

COPY

选择对象：

指定对角点：找到 4 个（选择绘制好的符号和标注数据）

选择对象：（结束选择）

当前设置：复制模式=多个

指定基点或[位移(D)/模式(O)]<位移>：（因标高符号所标注的是三角形直角顶点所指位置的标高，故一般指定该顶点作为基点）

指定第二个点或[退出(E)/放弃(U)]<退出>：（指定需要标注的位置）

命令：ED 并回车

DDEDIT

选择注释对象或[放弃(U)]：（单击需要修改的标注数据）

（编辑数据为正确标高值并确定编辑结束）

2. 方法二

（1）操作方法

① 同方法一绘制好直角三角形及标注数据的直线。

② 选择"绘图"/"块"/"定义属性…"命令，打开块"属性定义"对话框，如图 4-2 所示。

③ 更改对话框设置，其中"标记"、"提示"、"默认"文本框的设置值与实际输入的标高值无关，只是起到提示作用。在样式中选择合适的文字样式，如本例中的"标高数据"样式，文字高度为 3.5。

④ 确定设置之后将属性置于标高符号的合适位置。定义块属性如图 4-3 所示。

图 4-2　块"属性定义"对话框　　　　图 4-3　块"属性定义"对话框的设置

⑤ 输入"块"（B）命令，弹出"块定义"对话框，如图 4-4 所示。定义块的各项参数，如图 4-5 所示。将符号及块属性创建成一个块，单击"确定"按钮，弹出如图 4-6 所示的"编辑属性"对话框，单击"确定"按钮。

⑥ 读者可发现此时标高符号和块属性组成一个整体，且块属性由原来的标记 HCM 自动变成默认值 0.000。

⑦ 输入"插入块"（I）命令，弹出"插入"对话框，如图 4-7 所示，选择块名称，单击"确定"按钮，在屏幕上指定插入点，输入标高值，插入标高符号。

图 4-4　"块定义"对话框　　　　　　图 4-5　"块定义"对话框的参数

图 4-6　"编辑属性"对话框

图 4-7　"插入"对话框

2. 命令显示

定义块属性。

命令：ATTDEF（弹出块"属性定义"对话框）

（输入"标记"、"提示"和"默认"值，此 3 处的设置值与实际插入标高值无关，仅作提示之用）

（选择正确的文字样式）

指定起点：（指定的为属性在块中的位置）

（确定）

命令：B　并回车（弹出"块定义"对话框，输入块名称）

BLOCK

指定插入基点：（指定的基点为后面插入时的点，一般选取块中特殊点。如，此处点取标高符号中三角形的直角顶点）

选择对象：

指定对角点：找到 4 个（选取将要定义成一个块的所有对象。例如此处选取的应该是三角形、标注的直线、定义好的属性 4 个对象）

选择对象：回车（结束）

（确定，属性显示从"标记"值自动跳到"默认值"，建块成功）

命令：I　并回车（打开"插入"对话框）

（选择需要插入的块的名称）

INSERT

指定插入点或[基点(B)/比例(S)/X/Y/Z/旋转(R)]：（在屏幕上选择需要插入块的位置）

输入属性值

请正确输入标高值<0.000>：0.900（输入需要标注的位置的正确标高值）

（确定，结束命令）

4.1.3　疑难解答

（1）插入的标高符号为什么总是离光标很远？

问题分析：定义块的时候，没有选择基点，而默认基点是坐标原点，当插入块的时候，插入点是默认的原点，所以没有按照光标所点位置插入，而是离光标很远。

解决办法：定义块的时候，选择基点，基点一般选择在块上的特殊位置点（标高符号可以选择直角三角形的直角顶点为基点），这是插入块时的插入点。

（2）创建好的标高符号可以插入到其他文档里面吗？

答：可以，但是必须把标高符号创建成一个"外部块"（使用 W 命令），这样就可以在插入的时候指定路径，将块插入到任何一个 CAD 的文档中了。

4.2　轴线符号绘制

4.2.1　图形分析

建筑施工图中轴线符号如图 4-8 所示。由图可知轴线符号是由一个直径为 $\phi 8 \sim \phi 10$ mm 的圆与一个阿拉伯数字或者大写拉丁字母组成。轴线符号标注的是不同轴线的编号，故施工图中会出现大量编号不一样的轴线符号。下面具体介绍怎样建立轴线符号并标注不同的轴线编号。

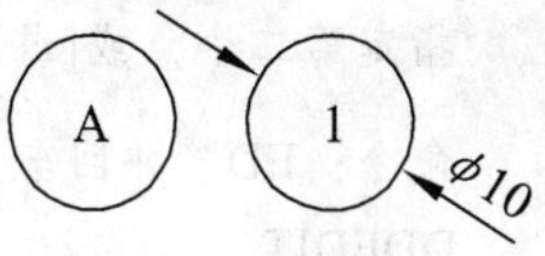

图 4-8　轴线符号

4.2.2　操作步骤

1. 方法一

利用"圆"（C）命令，绘制一个半径为 4 的圆为轴线圈。

利用"单行文字"（DT）命令标注轴线编号。

利用"复制"（CO）命令复制轴圈及轴线编号到相应位置。

利用"编辑文字"（ED）命令修改轴线编号。

（1）绘制轴圈

命令：C　并回车

CIRCLE

指定圆的圆心或[三点(3P)/两点(2P)/切点、切点、半径(T)]：（读者可在屏幕上任意指定一点为圆心点）

指定圆的半径或[直径(D)]：5　并回车（平、立、剖面图中轴圈的直径为 8 mm，详图中为 10 mm）

（2）标注轴线编号

命令：DT　并回车

TEXT

当前文字样式："轴号"　文字高度：2.5000　注释性：否

指定文字的起点或[对正(J)/样式(S)]：J（选择对正方式）

输入选项

[对齐(A)/布满(F)/居中(C)/中间(M)/右对齐(R)/左上(TL)/中上(TC)/右上(TR)/左中(ML)/正中(MC)/右中(MR)/左下(BL)/中下(BC)/右下(BR)]：MC

指定文字的中间点：（捕捉轴圈的圆心点）

指定高度<2.5000>：5　并回车（轴圈直径为 8 mm，轴线编号为 5 号字）

指定文字的旋转角度<0>：回车（文字不需要旋转）

（输入轴线编号，回车，结束命令）

（3）复制符号并编辑轴线编号

命令：CO　并回车

COPY

选择对象：

指定对角点：找到 2 个（同时选择轴圈和轴线编号）

选择对象：回车（结束选择）

当前设置：复制模式=多个

指定基点或[位移(D)/模式(O)]<位移>：

指定第二个点或<使用第一个点作为位移>：（点取对象上的一个基点）

指定第二个点或[退出(E)/放弃(U)]<退出>：（点取需标注的轴线位置）

命令：ED　并回车

DDEDIT

选择注释对象或[放弃(U)]：（选择复制出来的轴线编号）

（编辑数据为正确编号并确定编辑结束）

2. 方法二

（1）操作方法

① 同方法一绘制好轴圈。

② 选择"绘图"/"块"/"定义属性…"，打开块"属性定义"对话框，如图 4-9 所示。

③ 更改对话框设置如图 4-10 所示，其中"标记"、"提示"、"默认"文本框的设置值与实际输入的轴号无关，只是起到提示作用。

图 4-9　块"属性定义"对话框

图 4-10　块"属性定义"对话框的设置

④ 确定设置之后将属性置于轴圈中间位置。定义块属性如图 4-11 所示。

⑤ 输入"块"（B）命令，弹出"块定义"对话框，如图 4-12 所示。定义块的各项参数，如图 4-13 所示，将轴号及块属性创建成一个块，单击"确定"按钮，弹出如图 4-14 所示的"编辑属性"对话框，单击"确定"按钮。

图 4-11　定义块属性

图 4-12　"块定义"对话框

图 4-13　"块定义"对话框的参数

图 4-14　"编辑属性"对话框

⑥ 读者可发现此时轴线符号和块属性组成一个整体，且块属性由原来的标记 ZJ 就自动变成默认值 1。

⑦ 输入"插入块"（I）命令，弹出"插入"对话框，如图 4-15 所示，选择块名称，单击"确定"按钮，在屏幕上指定插入点，输入正确轴线编号，插入轴线符号。

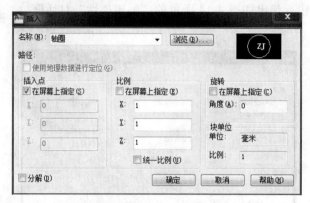

图 4-15 "插入"对话框

（2）命令显示

定义块属性。

命令：ATTDEF　并回车（弹出"块属性定义"对话框）

（输入"标记"、"提示"和"默认"值，此 3 处的设置值与实际插入标高值无关，仅作提示之用）

（选择正确的文字样式）

指定起点：（指定的为属性在块中的位置）

（回车）

命令：B　并回车（弹出"块定义"对话框，输入块名称）

BLOCK

指定插入基点：（指定的基点为后面插入时的点，一般选取块中特殊点。如此处捕捉轴圈符号上的象限点）

选择对象：

指定对角点：找到 2 个（选取的为将要定义成一个块的所有对象。如此处选取的应该是轴圈、定义好的属性 4 个对象）

选择对象：（结束）

（确定，属性显示从"标记"值自动跳到"默认值"，建块成功）

命令：I　并回车（打开"插入"对话框）

（选择需要插入的块的名称）

INSERT

指定插入点或[基点（B）/比例（S）/X/Y/Z/旋转（R）]：（在屏幕上点取需要插入块的位置）

输入属性值

请输入轴线编号<1>：2　并回车（输入需要标注的轴线的编号）

4.3 什么是块

4.3.1 创建块（BLOCK）

1. 概　念

创建块其实就是定义一个块，创建的块存储在图形数据库中，同一块可根据需要多次被插入到图形中。

块可以包含有一个或多个对象。创建块的第一步就是创建一个块定义。在此之前，进行块定义的对象必须已经被画出并能够用创建选择集的方式选择，之后在使用创建块定义时才能选择它们。

创建块时，组成块的对象所处的图层会对对象的特性有所影响。如对象处在 0 层，则该块插入到哪个图层，它就取得哪个图层的颜色和线型，而处在非 0 层上的对象将仍然保持它原来所在的层的特性，即使是块被插入到另外的层上也是如此。

2. 命令输入

（1）菜单方式："绘图" / "块" / "创建…"。

（2）工具按钮：单击"绘图"工具栏上的图标。

（3）命令行输入 BLOCK 或 B 命令。

3. 小知识

在创建块定义时指定的插入点将成为该块将来插入的基准点，也是块在插入过程中缩放或旋转的基点。为了作图方便，应根据图形的结构选择基点。一般将基点选择在块的一些特征位置，如块的中心、左下角或其他地方。有时候插入点不在对象上面要比在对象上面更方便些。

4.3.2 插入块（INSERT）

1. 概　念

用户可以使用插入块命令将已经存在的图块插入到当前图形中。插入块时，若在当前的图形中不存在指定名称的块定义，那么系统就会搜索计算机系统的整个空间，以寻找到该名称的图形并把它插入到当前图形中。

2. 命令输入

（1）工具按钮：单击"绘图"工具栏上的图标。

（2）命令行输入 INSERT 或 I 命令。

3. 小知识

插入块的时候可以根据实际需要对原创建的块从 X、Y、Z 三个方向进行不同比例的缩放，也可设定插入块时原块的旋转角度。

插入块时还可以使用 MINSERT 命令，通过确定行数、列数及行间距和列间距，以矩阵形式插入多个图块。

在 AutoCAD 中，还可以使用拖放的方式插入图块。操作步骤为：鼠标拾取 CAD 文件，按住鼠标左键将文件拖到打开的 CAD 图形窗口中，松开鼠标左键，根据提示指定插入点和缩放比例，即可将所选择的文件按指定参数插入到当前文件中的指定位置。

4.3.3 分解（EXPLODE）

1. 概 念

EXPLODE 命令可以分解一个已创建的块，其使用范围很广，不仅可以使块转化为分离的对象，还能使多段线、多线、多边形等分离成独立的简单的直线和圆弧对象。

一个块中可能包含其他的块，EXPLODE 命令只能在一个层次上进行，即它只能分解为当初创建块时所选择的构成块的各个对象，对于带有嵌套元素的块，分解操作后，这些对象仍然将保持其被选中作为构成块的对象时的状态。若要完全分解，只能进一步使用分解命令将它们分解。

2. 命令输入

（1）菜单方式："修改"／"分解"命令。
（2）工具按钮：单击"修改"工具栏上的图标。
（3）命令行输入 EXPLODE 或 X 命令。

3. 小知识

用 MINSERT 命令插入的块不能被分解。

4.3.4 写块（WBLOCK）

1. 概 念

在 AutoCAD 中，可以用 WBLOCK 命令将对象或图块保存到一个图形文件中。用 WBLOCK 命令创建的图形可由当前图形中所选定的块组成，也可由在当前图形中所选定的对象组成。

由 WBLOCK 命令保存的图形文件可以用块的方式插入到任意一个文件中。

2. 命令输入

命令行输入 WBLOCK 或 W 命令。

3. 小知识

创建外部块文件时，必须指定文件保存路径，后期插入时指定相应的路径才能准确插入图块。

本章小结

通过标高及轴线符号的绘制，主要讲解了创建块、插入块、写块（建立外部块）以及块分解命令的使用方法和技巧。任务中提到的命令以对话框的方式与读者进行交互式的数据交流，要求读者根据实际情况进行数据的设置，如插入块（INSERT）命令的对话框中，在插入块时可以对原创建的块进行 X、Y、Z 三个方向按照不同比例的缩放，使绘图过程和结果更具灵活性。各个命令的细部设置及达到的效果还需读者自行揣摩、练习，以便找到更快捷的绘图方法和技巧。

思考与练习题

1. 如图 4-16 所示，将指北针创建为一个名为"指北针"的外部块，以文档形式保存，以便插入到所需要的文档。

上机提示：指北针符号是由一个直径为 24 mm 的圆和一个端部宽度为 3 mm 的箭头组成。绘制时箭头可采用多段线（PLINE）的命令，设置起点宽度为 0，端点宽度为 3，分别捕捉圆的上下两个象限点绘制。

2. 如图 4-17 所示，将一立面窗户创建为一个名为"立面推拉窗"的块。

上机提示：由于建筑中窗户的宽度和高度不一致，所以作为创建块的对象的窗户图形可以以基数来绘制，如窗户的高度和宽度均绘制成尺寸为 1 000 的大小，插入时分别进行 X 和 Y 方向的缩放，如一个 1 800 × 1 200 的窗户就可以分别设 X 和 Y 方向的缩放比例因子为 1.8 和 1.2。

图 4-16　指北针

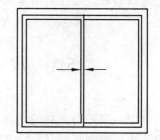

图 4-17　立面推拉窗

3. 插入的块颜色有哪些改变方法？

答：可以，有两种方法可以改变插入的块的颜色。第一种方法是建块的时候放在 0 图层上，颜色为白色，这种情况下建好的块，插入时随当前层的属性。第二种方法是分解插入的块，使其包含的各个对象为独立体，可以更改其属性。

第5章 尺寸与文字标注

■■ 知识目标

了解尺寸与文字标注的目的，理解尺寸标注样式的含义，掌握设置和修改尺寸与文字标注样式的方法。

- 尺寸标注的规则、组成和类型。
- 创建尺寸标注样式的步骤。
- 常用的尺寸标注命令。
- 创建文字样式与编辑文字。

■■ 技能目标

能应用已经设置的标注样式，结合各种标注方法给图形进行标注，并根据实际绘图需要设置合适的文字样式和表格样式。

■■ 学前导读

在图形设计完成以后，要对其进行尺寸标注与必要的文字说明，然后按图形标注的尺寸建造工程实体。因此，尺寸标注是绘图设计工作中的一个重要环节，图形中各个对象的真实大小和相互位置只有经过尺寸标注后才能确定。AutoCAD 2010 包含了一套完整的尺寸标注命令和使用程序，可以轻松完成图纸中要求的尺寸标注。

5.1 尺寸标注概述

尺寸是工程图纸中一项不可或缺的内容，工程图纸是用来说明工程形体的形状，而工程形体的大小是用尺寸来说明的，所以，工程图纸中的尺寸标注必须正确、完整、合理、清晰。在对图形进行标注之前，应了解尺寸标注的规则、组成、类型等。

5.1.1 尺寸标注的规则

在 AutoCAD 2010 中，对绘制的图形进行尺寸标注时应遵循以下规则：

（1）物体的真实大小应以图样上所标注的尺寸数值为依据，与图形的大小及绘图的准确度无关。

（2）图样中的尺寸以毫米标注时，不需要标注计量单位的代号或名称。如采用其他单位，则必须注明相应计量单位的代号或名称，如度、厘米及米等。

（3）图样中所标注的尺寸为该图样所表示的物体的最后完工尺寸，否则应另加说明。

5.1.2　尺寸标注的组成

在工程制图中，一个完整的尺寸标注一般由尺寸线、延伸线（即尺寸界线）、尺寸文字（即尺寸数字）和尺寸箭头 4 部分组成，如图 5-1 所示。通常 AutoCAD 将构成尺寸的尺寸线、尺寸界线、尺寸箭头和尺寸文字作为块处理，因此一个尺寸标注一般是一个对象。

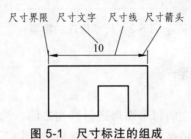

图 5-1　尺寸标注的组成

（1）尺寸线：表示标注的范围。尺寸线（有时尺寸线所在的测量区域空间太小不足以放置标注文字时，尺寸线通常被分割成两段，分别绘制在尺寸界线的外部）表示测量的方向和被测距离的长度。如果所标注的尺寸是一个对象中的两条平行线或者两个对象间的平行线，那么，可以不引出尺寸界线而直接在两平行线间绘制尺寸线。对于角度标注，尺寸线是一段圆弧。

（2）延伸线：从标注起点引出的标明标注范围的直线。尺寸界线应自图形的轮廓线、轴线、对称中心线引出，其中轮廓线、轴线、对称中心线也可用做尺寸界线。除非选择"倾斜"选项，否则尺寸界线一般要垂直于尺寸线。

（3）文字：尺寸文字由用于表示测量值和标注类型的数字、词汇、参数和特殊符号组成。可以使用由 AutoCAD 2010 自动计算出的测量值，并可附加公差、前缀和后缀等。也可以自行指定文字或取消文字。通常情况下，尺寸文字应按标准字体书写，且同一张图上的字高要一致。尺寸文字在图中遇到图线时，须将图线断开。如图线断开影响图形表达时，须调整尺寸标注的位置。

（4）尺寸箭头：尺寸箭头用来标注尺寸线的两端，表明测量的开始和结束位置。AutoCAD2010 提供了多种符号可供选择，如建筑标记、小斜线箭头、点和斜杠等，也可以创建自定义符号。同一张图中的箭头或斜线大小要一致，并应采用一种形式，箭头尖端应与尺寸界线接触。

5.1.3　尺寸标注的类型

尺寸标注的类型有很多，AutoCAD 2010 提供了十余种标注用以测量设计对象，使用这些标注工具可以进行线性标注、对齐标注、半径标注、直径标注、弧长标注、角度标注、基线标注、连续标注、引线标注等，如图 5-2 所示。

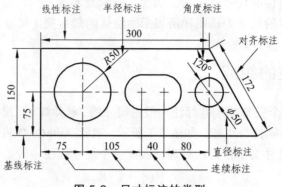

图 5-2　尺寸标注的类型

5.1.4　尺寸标注的步骤

一般来说，用户在对所建立的每个图形进行标注之前，均应遵守下面的基本过程，首先在快速访问工具栏中选择【显示菜单栏】命令，然后进行如下设置：

（1）在菜单中选择【格式】→【图层】命令，显示【图层管理器】对话框，创建一个独立的图层。这是为了便于将来控制尺寸标注对象的显示与隐藏，使之与图形的其他信息分开。

（2）在菜单中选择【格式】→【文字样式】命令，显示【文字样式】对话框，创建一种文字样式，从而为尺寸标注文本建立专门的文本类型。

（3）在菜单中选择【格式】→【标注样式】命令，或选择【标注】→【标注样式】命令，显示【标注样式管理器】对话框，通过该对话框设置尺寸线、尺寸界线、尺寸箭头、尺寸文字和公差等。用于尺寸标注。

（4）充分利用对象捕捉方法，以便快速拾取定义点，对所绘图形的各个部分进行尺寸标注。

5.2　创建尺寸标注样式

尺寸标注样式（简称标注样式）用于设置尺寸标注的具体格式，如尺寸文字采用的样式。尺寸线、尺寸界线以及尺寸箭头的标注设置等，以满足不同行业或不同国家的尺寸标注要求。

在 AutoCAD 2010 中，使用标注样式可以控制标注的格式和外观，建立强制执行的绘图标准，并有利于对标注格式及用途进行修改，本节将着重介绍"标注样式管理器"对话框创建标注样式的方法。

5.2.1　新建标注样式

尺寸标注样式的创建，是由一组尺寸变量的合理设置来实现的。首先要打开"尺寸标注样式管理器"对话框，可采用下列方法之一。

（1）菜单：【格式】→【标注样式】或【标注】→【标注样式】。

（2）功能区选项卡：【常用】选项卡→【注释】面板→【标注样式】。或【注释】选项卡→【标注】面板→【标注样式】按钮。

（3）工具栏：【标注样式】按钮。

（4）命令：Dimstyle。

执行上述命令后，将弹出"标注样式管理器"对话框，如图 5-3 所示。

图 5-3　"标注样式管理器"对话框

在"标注样式管理器"对话框中，"当前标注样式"标签显示出当前标注样式的名称。"样式"列表框用于列出已有标注样式的名称。"列出"下拉列表框确定要在"样式"列表框中列出有那些标注样式。"预览"图片框用于预览在"样式"列表框中所选中标注样式的标注效果。"说明"标签框用于显示在"样式"列表框中所选定标注样式的说明。"置为当前"按钮把指定的标注样式置为当前样式。"新建"按钮用于创建新标注样式。"修改"按钮则用于修改已有的标注样式。"替代"按钮用于设置当前样式的替代样式。"比较"按钮用于对两个标注样式进行比较，或了解某一样式的全部特性。若要删除某个尺寸样式，就先选择它，然后右键单击，在弹出的光标菜单中，选择"删除"命令，即可将该样式删除。

单击"新建"按钮，将弹出"创建新标注样式"对话框，如图 5-4 所示。

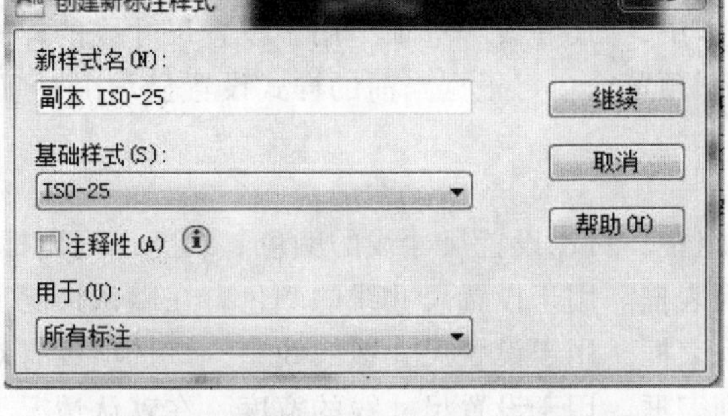

图 5-4　"创建新标注样式"对话框

在"创建新标注样式"对话框中，"新样式名"文本框指定新样式的名称；"基础样式"下拉列表框确定一种基础样式，新样式将在该基础样式的基础上进行修改；"用于"下拉列表框，可确定新建标注样式的适用范围。下拉列表中有"所有标注"、"线性标注"、"角度标注"、"半径标注"、"直径标注"、"坐标标注"和"引线和公差"等选择项，分别用于使新样式适用于对应的标注。

设置了新样式的名称、基础样式和适用范围后，单击"继续"按钮，将弹出"新建标注样式"对话框，可以在其中设置标注中设置直线、符号和箭头、文字、单位等内容，如图5-5所示。

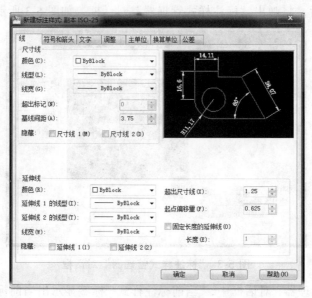

图 5-5 "新建新标注样式"对话框

5.2.2 设置标注样式

在"新建标注样式"对话框中，有"线"、"符号和箭头"、"文字"、"调整"、"主单位"、"换算单位"和"公差"七个选项卡，下面分别给予介绍。

5.2.2.1 "线"选项卡

使用"线"选项卡，可以设置尺寸线和尺寸界线的格式与属性。图5-5为与"线"选项卡对应的对话框。选项卡中，"尺寸线"选项组用于设置尺寸线的样式。"延伸线"选项组用于设置尺寸界线的样式。预览窗口可根据当前的样式设置显示出对应的标注效果示例。

1. 尺寸线

在"尺寸线"选项组中，可以设置尺寸线的颜色、线宽、超出标记、基线间距等属性。

（1）"颜色"下拉列表框。用于设置尺寸线的颜色，在默认情况下，尺寸线的颜色随块。

（2）"线型"下拉列表框。用于设置尺寸线的线型，该选项没有对应的变量。

（3）"线宽"下拉列表框。用于设置尺寸线的宽度，在默认情况下，尺寸线的线宽随块。

（4）"超出标记"文本框用于指定当箭头使用倾斜、建筑标记和无标记的样式时，尺寸线超过延伸线的距离。若尺寸线两端是箭头，则此选项无效。

（5）"基线间距"文本框。用于设置基线标注的尺寸线之间的距离，输入距离。

（6）"隐藏"选项组。"尺寸线 1"和"尺寸线 2"复选框分别用于控制第一条或第二条尺寸线及相应箭头的可见性。（第一、第二条尺寸线与原始尺寸线长度一样，只是第一条尺寸线仅在靠近第一个选择点的端部带有箭头，而第二条尺寸线仅在靠近第二个选择点的端部带有箭头。）

2. 延伸线

在"延伸线"选项组中，可以设置延伸线的颜色、线宽、超出尺寸线的长度和起点偏移量等属性。

（1）"颜色"下拉列表框。用于设置延伸线的颜色，在默认情况下，延伸线的颜色随块。

（2）"延伸线 1 的线型"和"延伸线 2 的线型"下拉列表框。用于设置延伸线的线型，该选项没有对应的变量。

（3）"线宽"下拉列表框。用于设置延伸线的宽度，在默认情况下，延伸线的线宽随块。

（4）"隐藏"选项组。"延伸线 1"和"延伸线 2"复选框分别用于控制第一条或第二条延伸线的可见性。第一条延伸线由用户标注时第一个尺寸起点决定，当某条延伸线与图形轮廓线重合或与其他图形对象发生冲突时，就可以隐藏这条延伸线。

（5）"超出尺寸线"文本框。用于设定延伸线超过尺寸线的距离。

（6）"起点偏移量"文本框。用于设置延伸线相对于延伸线起点的偏移距离。通常应使延伸线与标注对象不发生接触，从而容易区分尺寸标注与被标注的对象。

（7）"固定长度的延伸线"文本框。用于为延伸线制定固定的长度。选中该文本框，可以在"长度"文本框中输入延伸线的数值。

5.2.2.2 "符号和箭头"选项卡

使用"符号和箭头"选项卡，可以设置尺寸箭头、圆心标记、弧长符号以及半径标注折弯等方面的格式与位置，如图 5-6 所示。

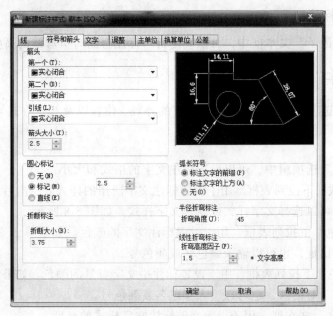

图 5-6 "符号和箭头"选项卡

1. 箭 头

在"箭头"选项组中，可以设置尺寸线和引线箭头的类型及尺寸大小等。

（1）"第一个"下拉列表框。列出了常见的箭头形式，用于设置第一条尺寸线箭头的形式。

（2）"第二个"下拉列表框。列出了常见的箭头形式，用于设置第二条尺寸线箭头的形式。

（3）"引线"下拉列表框。列出了尺寸线引线部分的形式，用于设置尺寸线引线的形式。

（4）"箭头大小"文本框。用于设置箭头的大小。

2. 圆心标记

在"圆心标记"选项组中，可以设置圆或圆弧的圆心标记类型。选择"无"选项，则没有任何标记。选择"标记"选项，可以对圆或圆弧绘制圆心标记。选择"直线"选项，可以对圆或圆弧设置中心线。当选择"标记"或"直线"选项时，可以在"大小"文本框中设置圆心标记或中心线的大小。

3. 折断标注

在"折断大小"文本框中，可以设置用于折断标注的间距大小。

4. 弧长符号

在"弧长符号"选项组中，可以设置弧长符号的显示位置。"标注文字的前缀"选项是将弧长符号放在标注文字之前。"标注文字的上方"选项是将弧长符号放在标注文字的上方。"无"选项是不显示弧长符号。

5. 半径折弯标注

在"半径折弯标注"文本框中，可以确定折弯半径标注中，尺寸线的横向线段的角度。

6. 线性折弯标注

在"折弯高度因子"文本框中，可以确定折弯标注打断时折弯线的高度大小。

5.2.2.3 "文字"选项卡

使用"文字"选项卡，可以设置尺寸文字的外观、位置以及对齐方式等，如图 5-7 所示。

1. 文字外观

在"文字外观"选项组中，可以设置标注文字的格式和大小。

（1）"文字样式"下拉列表框。用于设置标注文字所用的样式。单击后面的按钮，将打开文字样式对话框，可以选择文字样式或新建文字样式，如图 5-8 所示。

（2）"文字颜色"下拉列表框。用于设置标注文字的颜色。如果单击"选择颜色"，将显示"选择颜色"对话框，也可以输入颜色名或颜色号。

（3）"填充颜色"下拉列表框。用于设置标注中文字背景的颜色。如果单击"选择颜色"，将显示"选择颜色"对话框，也可以输入颜色名或颜色号。

（4）"文字高度"文本框。用于设置当前标注文字样式的高度。

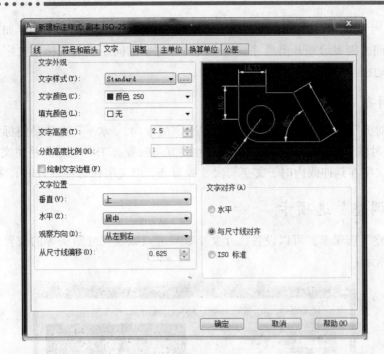

图 5-7 "文字"选项卡

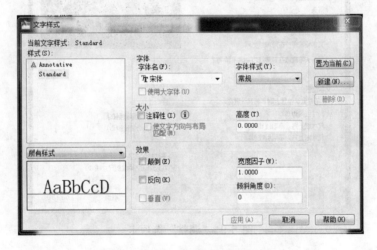

图 5-8 "文字样式"对话框

（5）"分数高度比例"文本框。用于设置标注文字中的分数相对于其他标注文字的比例，此比例值与标注文字高度的乘积作为分数的高度。

（6）"绘制文字边框"选项。用于设置是否给标注文字加边框。

2. 文字位置

在"文字位置"选项组中，可以设置标注文字的位置。

（1）"垂直"下拉列表框。用于设置标注文字相对尺寸线的垂直方向的位置。

（2）"水平"下拉列表框。用于设置标注文字在尺寸线上相对于延伸线的水平方向的位置。

（3）"观察方向"下拉列表框。用于设置标注文字的观察方向。

（4）"从尺寸线偏移"文本框。用于设置标注文字与尺寸线之间的距离。如果标注文字位于尺寸线的中间，则表示断开出尺寸线端点与尺寸文字的间距。如果标注文字带有边框，则可以控制文字边框与其中文字的距离。

3. 文字对齐

在"文字对齐"选项组中，可以设置标注文字的方向。"水平"选项是使标注文字按水平线放置。"与尺寸线"对齐是使标注文字沿尺寸线方向放置。"ISO 标准"是使文字标注按 ISO 标准放置，当文字在延伸线内时，文字与尺寸线对齐，当文字在延伸线外时，文字水平排列。

5.2.2.4 "调整"选项卡

使用"调整"选项卡，可以设置尺寸文字、尺寸线以及尺寸箭头等的位置和其他一些特征，如图 5-9 所示。

图 5-9 "调整"选项卡

1. 调整选项

在"调整选项"选项组中，可以设置标注文字、尺寸线、尺寸箭头的位置。当尺寸界线之间没有足够的空间同时放置尺寸文字和箭头时，应首先从尺寸界线之间移出尺寸文字和箭头部分，用户可通过该选项组中的各选项进行选择。

（1）"文字或箭头"选项。是按照最佳效果将文字或线箭头移到延伸线之外。

（2）"箭头"选项。是先将箭头移到延伸线以外，然后移动文字。

（3）"文字和箭头"选项。是将箭头和文字都移到延伸线以外。

（4）"文字始终保持在延伸线之间"选项。是始终将文字放置在延伸线之间。

（5）"若箭头不能放在延伸线之内，则将其消除"选项。当延伸线内空间不足时，则不显示箭头。

2. 文字位置

在"文字位置"选项组中，可以设置当文字不在默认位置时的位置。

（1）"尺寸线旁边"选项。选定该选项后，只要移动标注文字尺寸线就会随之移动。

（2）"尺寸线上方，带引线"选项。选定该选项后，可以将文本放在尺寸线的上方，并带上引线。

（3）"尺寸线上方，不带引线"选项。选定该选项后，可以将文本放在尺寸线的上方，但不带引线。

3. 标注特征比例

在"文字位置"选项组中，可以设置当文字不在默认位置时的位置。

（1）"注释性"选项。选定该选项后，可以将标注定义为可注释性对象。

（2）"将标注缩放到布局"选项。选定该选项后，可以根据当前空间模型视口和图纸空间之间的比例确定比例因子。

（3）"使用全局比例"选项。选定该选项后，可以对全部尺寸标注设置缩放比例，该比例不改变尺寸的测量值。

4. 优　化

（1）"手动放置文字"选项。选定该选项后，则忽略标注文字的水平对正设置，并把文字放在"尺寸线位置"提示下指定的位置。

（2）"在延伸线之间绘制尺寸线"选项。选定该选项后，即使箭头放在测量点之外，也应在测量点之间绘制尺寸线。

5.2.2.5 "主单位"选项卡

使用"主单位"选项卡，可以设置设置主单位的格式、精度以及尺寸文字的前缀和后缀，如图 5-10 所示。

图 5-10　"主单位"选项卡

1. 线性标注

在"线性标注"选项组中，可以设置线性标注的单位格式与精度。

（1）"单位格式"下拉列表框。用于设置除角度标注之外的所有标注类型的单位格式，包括："科学"、"小数"、"工程"、"建筑"及"分数"等选项。

（2）"精度"下拉列表框。用于设置标注文字中的小数位数。

（3）"分数格式"下拉列表框。当单位格式是分数时，用于设置分数的格式。

（4）"小数分隔符"文本框。当单位格式是小数时，用于设置小数的分隔符。

（5）"舍入"文本框。用于设置除角度标注之外的尺寸测量值的舍入规则。

（6）"前缀"和"后缀"文本框。用于设置标注文字的前缀和后缀，在相应的文本框中输入字符即可。

2. 测量单位比例

使用"比例因子"文本框可以设置测量尺寸的缩放比例。选定"仅应用到布局标注"选项，可以设置该比例关系仅使用于布局。

3. 消 零

该选项组可以设置是否显示尺寸标注中的"前导"和"后续"零。

4. 角度标注

在"角度标注"选项组中，"单位格式"下拉列表框可以设置标注角度的单位。"精度"下拉列表框可以设置标注角度的尺寸精度。"消零"选项可以设置是否消除角度尺寸的前导和后续零。

5.2.2.6　"换算单位"选项卡

使用"换算单位"选项卡，用来设置换算尺寸单位的格式和精度，如图5-11所示。

图5-11　"换算单位"选项卡

选定"显示换算单位"选项后,该选项组的其他选项才可用,在标注文字中,换算标注单位显示在主单位旁边的括号中。该选项组的各项操作与"主单位"选项卡的同类项基本相同,在此不再详述。

5.2.2.7　"公差"选项卡

使用"公差"选项卡,用于确定是否标注公差,如果标注公差,标注方式可以进行选择,如图 5-12 所示。

图 5-12　"公差"选项卡

在"公差格式"选项组中,可以设置公差的标注格式。

(1)"方式"下拉列表框。用于设置公差的标注格式。

具体包括:"无"、"对称"、"极限偏差"、"极限尺寸"及"基本尺寸"五个选项。"无"选项表示无公差标注;"对称"选项表示添加公差的正/负表达式,其中一个偏差量的值应用于标注测量值。标注后面将显示加号或减号。在"上偏差"中输入公差值。"极限偏差"选项表示添加正/负公差表达式。不同的正公差和负公差值将应用于标注测量值。将在"上偏差"中输入的公差值前面显示正号(+);在"下偏差"中输入的公差值前面显示负号(-);"极限尺寸"选项表示创建极限标注。在此类标注中,将显示一个最大值和一个最小值,一个在上,另一个在下。最大值等于标注值加上在"上偏差"中输入的值。最小值等于标注值减去在"下偏差"中输入的值;"基本尺寸"选项表示在尺寸数字上加一矩形框。

(2)"精度"下拉列表框。用于设置公差值小数点后保留的位数。

(3)"上偏差"和"下偏差"文本框。用于设置尺寸的上偏差、下偏差。

(4)"高度比例"文本框。用于设置相对于标注文字的分数比例。比例确定后,将该比例因子与尺寸文字高度之积作为公差文字的高度。

(5)"垂直位置"下拉列表框。用于设置公差文字相对于尺寸文字的位置,包括"上"、"中"、"下"三种方式。

（6）"换算单位公差"选项。当标注换算单位时，可以设置换算单位精度和是否消零。

5.3 常用的尺寸标注命令

在了解了尺寸标注的相关概念以及标注样式的创建和设置方法以后，本节将介绍如何应用常用的标注命令进行图形尺寸的标注。

AutoCAD 2010调用标注命令可以通过以下方法：标注菜单、注释选项卡→标注面板、标注工具栏和命令行来输入标注命令。标注菜单的弹出可以通过以下方法，在快速访问工具栏中选择【显示菜单栏】，在弹出的菜单中选择【标注】菜单即可，然后选择相应的标注形式进行尺寸标注，如图5-13所示；在【功能区】选项板中选择【注释】选项卡，然后选择【标注】面板，选择相应的标注形式进行尺寸标注，如图5-14所示；标注工具栏如图5-15所示。

图5-13 "标注"菜单   图5-14 "标注"面板   图5-15 "标注"工具栏

常用的尺寸标注命令的介绍：

线性标注：DLI，*DIMLINEAR。

对齐标注：DAL，*DIMALIGNED。

连续标注：DCO，*DIMCONTINUE。

基线标注：DBA，*DIMBASELINE。

半径标注：DRA，*DIMRADIUS。

直径标注：DDI，*DIMDIAMETER。

角度标注：DAN，*DIMANGULAR。

圆心标注：DCE，*DIMCENTER。

编辑标注：DED，*DIMEDIT。

标注样式：D，*DIMSTYLE。

多重引线标注：MLS，*MLEADERSTYLE。

替换标注系统变量：DOV，*DIMOVERRIDED。

笔者认为调用标注命令较快捷的方法是单击标注工具栏上的相应按钮,在下面的介绍中，以标注工具栏来调用尺寸标注命令。

5.3.1　长度型尺寸标注

长度型尺寸是工程图纸中最常见的尺寸标注形式，用于标注图形中两点间的长度。在 AutoCAD 2010 中，长度型尺寸标注主要包括：线性标注、对齐标注、弧长标注、基线标注和连续标注等。

1. 线性标注

线性标注指标注图形对象在水平方向、垂直方向或指定方向的尺寸，又分为水平标注、垂直标注和旋转标注三种类型。水平标注用于标注对象在水平方向的尺寸，即尺寸线沿水平方向放置；垂直标注用于标注对象在垂直方向的尺寸，即尺寸线沿垂直方向放置；旋转标注则标注对象沿指定方向的尺寸。标注效果如图 5-16 所示。

单击"标注"工具栏上的"线性"按钮，即执行线性标注命令，AutoCAD 提示：

指定第一条尺寸界线原点或<选择对象>：

在此提示下用户有两种选择，即确定一点作为第一条尺寸界线的起始点或直接按<Enter>键选择对象。下面分别予以介绍。

（1）指定第一条尺寸界线原点

如果在"指定第一条尺寸界线原点或<选择对象>："提示下指定第一条尺寸界线的起始点，AutoCAD 提示：

指定第二条尺寸界线原点：（确定另一条尺寸界线的起始点位置）

指定尺寸线位置或

[多行文字（M）/文字（T）/角度（A）/水平（H）/垂直（V）/旋转（R）]：

其中，"指定尺寸线位置"选项用于确定尺寸线的位置。通过拖动鼠标的方式确定尺寸线的位置后，单击拾取键，AutoCAD 根据自动测量出的两尺寸界线起始点间的对应距离值标注出尺寸。

"多行文字"选项用于根据文字编辑器输入尺寸文字。"文字"选项用于输入尺寸文字。"角度"选项用于确定尺寸文字的旋转角度。"水平"选项用于标注水平尺寸，即沿水平方向的尺寸。"垂直"选项用于标注垂直尺寸，即沿垂直方向的尺寸。"旋转"选项用于旋转标注，即标注沿指定方向的尺寸。

（2）<选择对象>

如果在"指定第一条尺寸界线原点或<选择对象>:"提示下直接按 Enter 键，即执行"选择对象"选项，AutoCAD 提示：

选择标注对象：

此提示要求用户选择要标注尺寸的对象。用户选择后，AutoCAD 将该对象的两端点作为两条尺寸界线的起始点，并提示：

指定尺寸线位置或

[多行文字（M）/文字（T）/角度（A）/水平（H）/垂直（V）/旋转（R）]：

对此提示的操作与前面介绍的操作相同，用户响应即可。

2. 对齐标注

对齐标注是线性标注尺寸的一种特殊形式，是指所标注尺寸的尺寸线与两条尺寸界线起始点间的连线平行。在对直线段进行标注时，如果该直线的倾斜角度未知，那么使用线性标注将无法得到准确的测量结果，这时可以使用对齐标注，方便地标注斜线、斜面的尺寸，如图 5-16（d）所示。

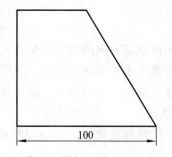
（a）使用线性标注进行水平标注

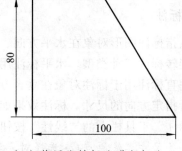
（b）使用线性标注进行标注

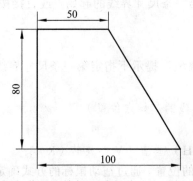
（c）使用线性标注进行其他水平标注

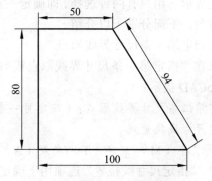
（d）使用对齐标注进行斜线标注

图 5-16　线性标注示例

单击"标注"工具栏上的"对齐"按钮，即执行对齐标注命令，AutoCAD 提示：

指定第一条尺寸界线原点或 <选择对象>：

在此提示下的操作与标注线性尺寸类似，不再介绍。

3. 弧长标注

弧长标注用于标注圆弧或多段线弧线段上的尺寸。在默认情况下，弧长标注将显示一个圆弧符号，以便区分是线性标注还是弧长标注。

单击"标注"工具栏上的"弧长"按钮，即执行弧长标注命令，AutoCAD 提示：

选择弧线段或多段线弧线段：（选择圆弧段）

指定弧长标注位置或 [多行文字（M）/文字（T）/角度（A）/部分（P）/引线（L）]：

当指定了尺寸线的位置以后，系统将按实际测量值标注出圆弧的长度，也可以利用"多行文字（M）"、"文字（T）"或"角度（A）"选项，确定尺寸文字或尺寸文字的旋转角度。另外，如果选择"部分（P）"选项，可以标注选定圆弧某一部分的弧长。标注效果如图 5-17 所示。

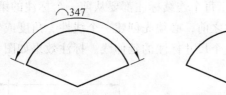

图 5-17　弧长标注示例

4. 基线标注

基线标注指各尺寸线从同一条尺寸界线处引出。可以创建一系列由相同的的标注原点测量出来的标注。基线标注可以满足在绘图时，需要以某一面为基准，其他尺寸都按该基准进行定位的要求。与其他标注方法不同的是，在进行基线标注之前必须先创建一个线性坐标或角度标注作为基准标注，然后再用基线标注命令标注其他的尺寸。标注效果如图 5-18 所示。

单击"标注"工具栏上的"基线"按钮，即执行基线标注命令，AutoCAD 提示：

指定第二条尺寸界线原点或 [放弃(U)/选择(S)]<选择>：

（1）指定第二条尺寸界线原点

确定下一个尺寸的第二条尺寸界线的起始点。确定后 AutoCAD 按基线标注方式标注出尺寸，而后继续提示：

指定第二条尺寸界线原点或 [放弃(U)/选择(S)]<选择>：

此时可再确定下一个尺寸的第二条尺寸界线起点位置。用此方式标注出全部尺寸后，在同样的提示下按<Enter>键或<Space>键，结束命令的执行。

（2）选择（S）

该选项用于指定基线标注时作为基线的尺寸界线。执行该选项，AutoCAD 提示：

选择基准标注：

在该提示下选择尺寸界线后，AutoCAD 继续提示：

指定第二条尺寸界线原点或[放弃(U)/选择(S)]<选择>：

在该提示下标注出的各尺寸均从指定的基线引出。执行基线尺寸标注时，有时需要先执行"选择（S）"选项来指定引出基线尺寸的尺寸界线。

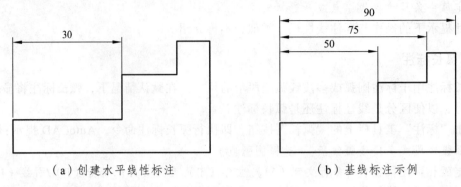

（a）创建水平线性标注　　　　　　（b）基线标注示例

图 5-18　基线标注示例

5. 连续标注

连续标注指在标注出的尺寸中，相邻两尺寸线共用同一条尺寸界线，可以创建一系列端对端放置的线性、角度或坐标标注，每个连续标注都要从前一个标注的第二个延伸线处开始。与基线标注一样，在进行连续标注之前，必须先创建一个线性、角度或坐标标注作为基准标注，以确定连续标注所需要的前一个尺寸标注的延伸线。标注效果如图 5-19 所示。

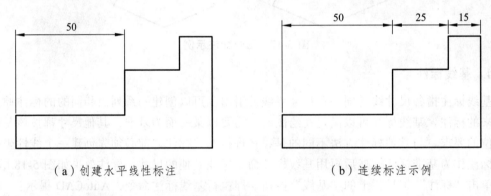

（a）创建水平线性标注　　　　　　（b）连续标注示例

图 5-19

单击"标注"工具栏上的"连续"按钮，即执行连续标注命令，AutoCAD 提示：

指定第二条尺寸界线原点或[放弃(U)/选择(S)]<选择>：

（1）指定第二条尺寸界线原点

确定下一个尺寸的第二条尺寸界线的起始点。用户响应后，AutoCAD 按连续标注方式标注出尺寸，即把上一个尺寸的第二条尺寸界线作为新尺寸标注的第一条尺寸界线标注尺寸，而后 AutoCAD 继续提示：

指定第二条尺寸界线原点或 [放弃(U)/选择(S)]<选择>：

此时可再确定下一个尺寸的第二条尺寸界线的起点位置。当用此方式标注出全部尺寸后，在上述同样的提示下按<Enter>键或<Space>键，结束命令的执行。

（2）选　择

该选项用于指定连续标注将尺寸的尺寸界线引出。执行该选项，AutoCAD 提示：

选择连续标注：

在该提示下选择尺寸界线后，AutoCAD 会继续提示：

指定第二条尺寸界线原点或 [放弃(U)/选择(S)]<选择>:

在该提示下标注出的下一个尺寸会以指定的尺寸界线作为其第一条尺寸界线。执行连续尺寸标注时，有时需要先执行"选择（S）"选项来指定引出连续尺寸的尺寸界线。

5.3.2　半径、直径和圆心标注

径向尺寸是工程制图中另一种较常见的尺寸标注形式，包括标注半径尺寸和标注直径尺寸。在 AutoCAD 2010 中，可以使用"半径"、"直径"、"圆心"命令，标注圆或圆弧的半径尺寸、直径尺寸及圆心位置。

1. 半径标注

半径标注可以标注圆或圆弧的半径。

单击"标注"工具栏上的"半径"按钮，即执行半径标注命令，AutoCAD 提示：

选择圆弧或圆：（选择要标注半径的圆弧或圆）

指定尺寸线位置或 [多行文字(M)/文字(T)/角度(A)]:

当指定了尺寸线的位置后，系统将按实际测量值标注出圆或圆弧的半径。也可以利用多行文字（M）、文字（T）、角度（A）选项，确定尺寸文字或尺寸文字的旋转角度。其中，通过多行文字（M）、文字（T）选项重新确定尺寸文字时，只有给输入的尺寸文字前加前缀 *R*，才能使标出的半径尺寸有半径符号 *R*，否则没有该符号，如图 5-20 所示。

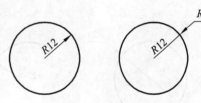

图 5-20　半径标注示例

2. 折弯标注

折弯标注可以为圆或圆弧创建折弯标注。该标注方式与半径标注方法基本相同，但需要指定一个位置代替圆或圆弧的圆心，如图 5-21 所示。

单击"标注"工具栏上的"折弯"按钮，即执行折弯标注命令，AutoCAD 提示：

选择圆弧或圆：（选择要标注尺寸的圆弧或圆）

指定中心位置替代：（指定折弯半径标注的新中心点，以替代圆弧或圆的实际中心点）

指定尺寸线位置或[多行文字(M)/文字(T)/角度(A)]:（确定尺寸线的位置，或进行其他设置）

指定折弯位置：（指定折弯位置）

图 5-21　折弯标注示例

3. 直径标注

直径标注可以为圆或圆弧标注直径尺寸。

单击"标注"工具栏上的"直径"按钮，即执行直径标注命令，AutoCAD 提示：

选择圆弧或圆：（选择要标注直径的圆或圆弧）

指定尺寸线位置或 [多行文字(M)/文字(T)/角度(A)]：

如果在该提示下直接确定尺寸线的位置，AutoCAD 按实际测量值标注出圆或圆弧的直径。也可以通过"多行文字（M）"、"文字（T）"以及"角度（A）"选项确定尺寸文字和尺寸文字的旋转角度。其中，当通过"多行文字（M）"、"文字（T）"选项确定尺寸文字时，需要在尺寸文字前加前缀%%C，才能使标注的直径尺寸有直径符号ϕ，如图 5-22 所示。

4. 圆心标记

圆心标记为圆或圆弧绘制圆心标记或中心线。

单击"标注"工具栏上的"圆心标记"按钮，即执行圆心标注命令，AutoCAD 提示：

选择圆弧或圆：

在该提示下选择圆弧或圆即可。

圆心标记的形式可以由系统变量 DIMCEN 设置。当该变量的值大于 0 时，作圆心标记，且该值是圆心标记线长度的一半；当变量的值小于 0 时，画出中心线，且该值是圆心处小十字线长度的一半。标注效果如图 5-23 所示。

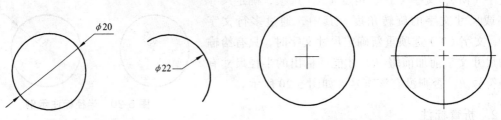

图 5-22　直径标注示例　　　　　　　　图 5-23　圆心标记示例

5.3.3　角度标注

在 AutoCAD 2010 中，除了前面介绍的几种常用尺寸标注外，还可以使用角度标注，测量两条直线间的角度、圆和圆弧的角度或者三点之间的角度。

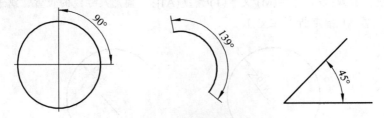

图 5-24　角度标注示例

单击"标注"工具栏上的"角度"按钮，即执行角度标注命令，AutoCAD 提示：

选择圆弧、圆、直线或 <指定顶点>：

在该提示下，可以选择需要标注的对象，当选择圆弧时，命令行显示：

指定标注弧线位置或 [多行文字(M)/文字(T)/角度(A)]：

此时，如果直接确定标注弧线的位置，AutoCAD 会按实际测量值标注角度。也可以使用 [多行文字(M)/文字(T)/角度(A)]选项，设置尺寸文字和它的旋转角度。

5.3.4　多重引线标注

多重引线标注可以创建引线和注释以及设置引线和注释的样式。

1. 新建多重引线样式

用户可以设置多重引线的样式。

单击"多重引线"工具栏上的"多重引线样式"按钮，AutoCAD 打开"多重引线样式管理器"对话框，如图 5-25 所示。

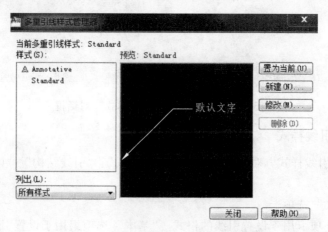

图 5-25　"多重引线样式管理器"对话框

对话框中，"当前多重引线样式"用于显示当前多重引线样式的名称。"样式"列表框用于列出已有的多重引线样式的名称。"列出"下拉列表框用于确定要在"样式"列表框中列出那些多重引线样式。"预览"图像框用于预览在"样式"列表框中所选中的多重引线样式的标注效果。"置为当前"按钮用于将指定的多重引线样式设为当前样式。"新建"按钮用于创建新多重引线样式。

单击"新建"按钮，AutoCAD 打开如图 5-26 所示的"创建新多重引线样式"对话框。

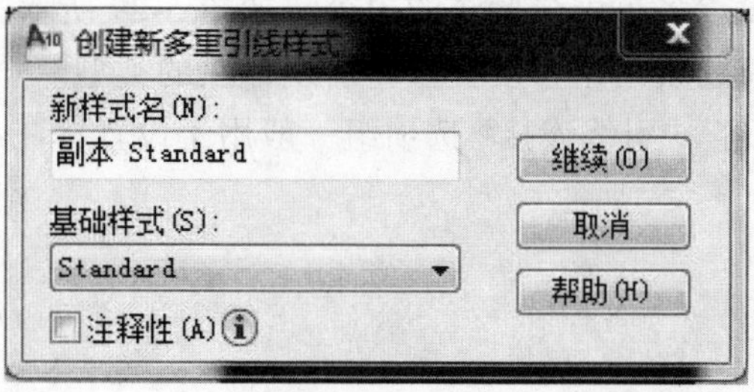

图 5-26　"创建新多重引线样式"对话框

用户可以通过对话框中的"新样式名"文本框指定新样式的名称，通过"基础样式"下拉列表框确定用于创建新样式的基础样式。确定新样式的名称和相关设置后，单击"继续"按钮，AutoCAD 打开对应的对话框，如图 5-27 所示。

图 5-27　"修改新多重引线样式"对话框

2. 设置多重引线样式

在"修改多重引线样式"对话框中，有"引线格式"、"引线结构"、"内容"三个选项卡，下面分别给予介绍。

（1）"引线格式"选项卡

"引线格式"选项卡用于设置引线的格式。"基本"选项组用于设置引线的外观；"箭头"选项组用于设置箭头的样式与大小；"引线打断"选项用于设置引线打断时的距离值。预览框用于预览对应的引线样式，如图 5-27 所示。

（2）"引线结构"选项卡

"引线结构"选项卡用于设置引线的结构，如图 5-28 所示。"约束"选项组用于控制多重引线的结构，"基线设置"选项组用于设置多重引线中的基线，"比例"选项组用于设置多重引线标注的缩放关系。

（3）"内容"选项卡

"内容"选项卡用于设置多重引线标注的内容，如图 5-29 所示。

"多重引线类型"下拉列表框用于设置多重引线标注的类型。"文字选项"选项组用于设置多重引线标注的文字内容。"引线连接"选项组一般用于设置标注出的对象沿垂直方向相对于引线基线的位置。

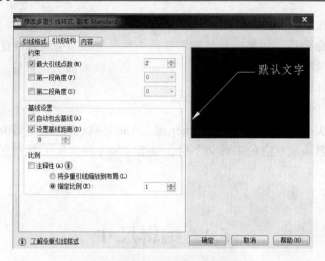

图 5-28　"引线结构"选项卡

图 5-29　"内容"选项卡

3. 多重引线标注

单击"多重引线"工具栏上的"多重引线"按钮，即执行多重引线标注命令，AutoCAD提示：

指定引线箭头的位置或 [引线基线优先(L)/内容优先(C)/选项(O)] <选项>：

提示中，"指定引线箭头的位置"选项用于确定引线的箭头位置。"引线基线优先（L）"和"内容优先（C）"选项分别用于确定将首先确定引线基线的位置还是首先确定标注内容，用户根据需要选择即可。"选项（O）"项用于多重引线标注的设置，执行该选项，AutoCAD提示：

输入选项 [引线类型(L)/引线基线(A)/内容类型(C)/最大节点数(M)/第一个角度(F)/第二个角度(S)/退出选项(X)] <内容类型>：

其中，"引线类型（L）"选项用于确定引线的类型；"引线基线（A）"选项用于确定是否使用基线；"内容类型（C）"选项用于确定多重引线标注的内容（多行文字、块或无）；"最大节点数（M）"选项用于确定引线端点的最大数量；"第一个角度（F）"和"第二个角度（S）"

选项用于确定前两段引线的方向角度。

执行多重引线命令后，如果在"指定引线箭头的位置或 [引线基线优先（L）/内容优先（C）/选项（O）]<选项>："提示下指定一点，即指定引线的箭头位置后，AutoCAD 提示：

指定下一点或 [端点(E)] <端点>：（指定点）

指定下一点或 [端点(E)] <端点>：

在该提示下依次指定各点，然后按 Enter 键，AutoCAD 弹出文字编辑器示。

通过文字编辑器输入对应的多行文字后，单击"文字格式"工具栏上的"确定"按钮，即可完成引线标注。

5.4 编辑尺寸

尺寸标注的各个组成部分，比如文字的大小、文字的位置、旋转角度以及箭头的形式等等，都可以通过调整尺寸样式进行修改。

5.4.1 修改尺寸文字

修改已有尺寸的尺寸文字，命令为：Ddedit。

执行 Ddedit 命令，AutoCAD 提示：

选择注释对象或 [放弃(U)]：

在该提示下选择尺寸，AutoCAD 弹出"文字格式"工具栏，并将所选择尺寸的尺寸文字设置为编辑状态，用户可直接对其进行修改，如修改尺寸值、修改或添加公差等。

5.4.2 修改尺寸文字的位置

修改已标注尺寸的尺寸文字的位置，命令为：Dimtedit。

单击"标注"工具栏上的（编辑文字标注）按钮，即执行 Dimtedit 命令，AutoCAD 提示：

选择标注：（选择尺寸）

指定标注文字的新位置或 [左(L)/右(R)/中心(C)/默认(H)/角度(A)]：

提示中，"指定标注文字的新位置"选项用于确定尺寸文字的新位置，通过鼠标将尺寸文字拖动到新位置后单击拾取键即可。"左（L）"和"右（R）"选项仅对非角度标注起作用，它们分别决定尺寸文字是沿尺寸线左对齐还是右对齐。"中心（C）"选项可将尺寸文字放在尺寸线的中间。"默认（H）"选项将按默认位置、方向放置尺寸文字。"角度（A）"选项可以使尺寸文字旋转指定的角度。

5.4.3 用 Dimedit 命令编辑尺寸

Dimedit 命令用于编辑已标注的尺寸。利用"标注"工具栏上的（编辑标注）按钮可启动该命令。执行 Dimedit 命令，AutoCAD 提示：

输入标注编辑类型　[默认(H)/新建(N)/旋转(R)/倾斜(O)]<默认>：

其中，"默认"选项会按默认位置和方向放置尺寸文字。"新建"选项用于修改尺寸文字。"旋转"选项可将尺寸文字旋转指定的角度。"倾斜"选项可使非角度标注的尺寸界线旋转一角度。

5.4.4　翻转标注箭头

更改尺寸标注上每个箭头的方向。具体操作是：首先，选择要改变方向的箭头，然后右击，从弹出的快捷菜单中选择"翻转箭头"命令，即可实现尺寸箭头的翻转。

5.4.5　调整标注间距

调整平行尺寸线之间的距离，命令为：Dimspace

单击"标注"工具栏中的"等距标注"按钮，或选择菜单命令"标注"→"标注间距"，AutoCAD 提示：

选择基准标注：（选择作为基准的尺寸）

选择要产生间距的标注：（依次选择要调整间距的尺寸）

选择要产生间距的标注：✓

输入值或　[自动(A)]<自动>：

如果输入距离值后按<Enter>键，AutoCAD 调整各尺寸线的位置，使它们之间的距离值为指定的值。如直接按<Enter>键，AutoCAD 会自动调整尺寸线的位置。

5.4.6　折弯线性

折弯线性指将折弯符号添加到尺寸线中，命令为：Dimjogline

单击"标注"工具栏中的"折弯线性"按钮，或选择菜单命令"标注"→"折弯线性"，AutoCAD 提示：

选择要添加折弯的标注或　[删除(R)]：选择要添加折弯的尺寸。["删除（R）"选项用于删除已有的折弯符号]

指定折弯位置（或按<Enter>键）：

通过拖动鼠标的方式确定折弯的位置。

5.4.7　折断标注

折断标注指在标注或延伸线与其他线重叠处打断标注或延伸线，命令为：Dimbreak。

单击"标注"工具栏中的"折断标注"按钮，或选择菜单命令"标注"→"标注打断"，AutoCAD 提示：

选择标注或 [多个(M)]：（选择尺寸。可通过"多个（M）"选项选择多个尺寸）

选择要打断标注的对象或 [自动(A)/恢复(R)/手动(M)] <自动>：

根据提示操作即可。

5.5   标注文字与创建表格

文字对象是 AuotoCAD 图形中很重要的图形元素，在一张完整的图纸中，不仅要有图形，还包含文字和表格，例如技术要求、标题栏和明细表等。在 AutoCAD 2010 中，提供了非常完善的注写文字和绘制表格的功能。

5.5.1   定义文字样式

AutoCAD 图形中的文字是根据当前文字样式标注的。文字样式说明所标注文字使用的字体以及其他设置，如字高、字颜色、文字标注方向等。AutoCAD 2010 为用户提供了默认文字样式 Standard。当在 AutoCAD 中标注文字时，如果系统提供的文字样式不能满足国家制图标准或用户的要求，则应首先定义文字样式。定义文字样式命令为：Style。

单击对应的工具栏按钮，或选择"格式"→"文字样式"命令，即执行 Style 命令，AutoCAD 弹出"文字样式"对话框，如图 5-30 所示。

图 5-30   "文字样式"对话框

在"文字样式"对话框中，"样式"列表框中列有当前已定义的文字样式，用户可从中选择对应的样式作为当前样式或进行样式修改。"字体"选项组用于确定所采用的字体。"大小"选项组用于指定文字的高度。"效果"选项组用于设置字体的某些特征，如字的宽高比（即宽度比例）、倾斜角度、是否倒置显示、是否反向显示以及是否垂直显示等。预览框组用于预览所选择或所定义文字样式的标注效果。"新建"按钮用于创建新样式。"置为当前"按钮用于将选定的样式设为当前样式。"应用"按钮用于确认用户对文字样式的设置。单击"确定"按钮，AutoCAD 关闭"文字样式"对话框。

5.5.2　标注文字

当注写文字较少时可以使用单行文字，注写较多的文字时可以使用多行文字。

1. 创建单行文字

在 AutoCAD 2010 中，使用"文字"工具栏或"注释"选项板中的"文字"面板都可以创建和编辑文字，对单行文字来说，每一行都是一个单独的文字对象，因此，可以用来创建文字内容比较简短的文字对象，并可以对其进行单独修改。

图 5-31　"文字"工具栏

单击"文字"工具栏中的"单行文字"按钮，或选择"绘图"→"文字"→"单行文字"命令，可以在图形中创建文字对象，即执行 Dtext 命令，AutoCAD 提示：

当前文字样式：Standard　当前文字高度：2.5000

指定文字的起点或 [对正(J)/样式(S)]：

第一行提示信息说明当前文字样式以及文字高度。第二行中，"指定文字的起点"选项用于确定文字行的起点位置。用户响应后，AutoCAD 提示：

指定高度：（输入文字的高度值）

指定文字的旋转角度 <0>：（输入文字行的旋转角度）

而后，AutoCAD 在绘图屏幕上显示出一个表示文字位置的方框，用户在其中输入要标注的文字后，按两次<Enter>键，即可完成文字的标注。

另外，在"指定文字的起点或 [对正（J）/样式（S）]："提示信息后输入 J，可以设置文字的对正方式。AutoCAD 提示：

[对齐(A)/布满(F)/居中(C)/中间(M)/右对齐(R)/左上(TL)/中上(TC)/右上(TR)/左中(ML)/正中(MC)/右中(MR)/左下(BL)/中下(BC)/右下(BR)]：

其中，对齐（A）：要求确定所标注文字进行基线的始点与终点位置。

布满（F）：要求用户确定文字行基线的始点、终点位置以及文字的字高。

居中（C）：要求确定一点，并把该点作为所标注文字行基线的中点，即所输入的文字的基线将以该点居中对齐。

中间（M）：要求确定一点，并把该点作为所标注文字行的中间点，即以该点作为文字行在水平、垂直方向上的中点。

右对齐（R）：要求确定一点，并把该点作为文字行基线的右端点。

左上（TL）、中上（TC）、右上（TR）：表示将以确定点作为文字行顶线的始点、中点和终点。

左中（ML）、正中（MC）、右中（MR）：表示将以确定点作为文字行中线的始点、中点和终点。

左下（BL）、中下（BC）、右下（BR）：表示将以确定点作为文字行底线的始点、中点和终点。

在"指定文字的起点或 [对正（J）/样式（S）]："提示信息后输入 S，可以设置当前使用的文字样式。

2. 创建多行文字

"多行文字"又称为段落文字,是一种更易于管理的文字对象,可以由两行以上的文字组成,无论文字有多少行,每段文字构成一个单元,可以对其进行移动、旋转、删除、复制等编辑操作。

单击"文字"工具栏中的"多行文字"按钮,或选择"绘图"→"文字"→"多行文字"命令,AutoCAD 提示:

指定第一角点:

指定对角点或[高度(H)/对正(J)/行距(L)/旋转(R)/样式(S)/宽度(W)/栏(C)]

高度(H):用于确定标注文字框的高度,可以拾取一点,该点与第一角点的距离即为文字的高度,或在命令行中输入高度值。

对正(J):用于确定文字的排列方式。

行距(L):为多行文字对象制定行与行之间的距离。

旋转(R):确定文字倾斜角度。

样式(S):确定文字字体样式。

宽度(W):用来确定标注文字的宽度。

设置好各选项后,系统提示"指定对角点",可标注文字框的另一个对角点,将弹出图 5-32 所示的多行文字编辑器,在这两点形成的矩形区域中进行文字标注。

图 5-32 多行文字编辑器

在文字编辑器的上方有"文字格式"工具栏,如图 5-33 所示,可以通过该对话框中的各项控制文字字符格式。可以设置文字的"字体"、"字高"、"粗体"、"斜体"、"下划线"等选项,用户设置完成后,单击"确定"按钮,多行文字创建完毕。

图 5-33 "文字格式"对话框

5.5.3 编辑文字

一般来讲,文字编辑应涉及两个方面,即修改文字内容和文字特性。

1. 编辑单行文字

编辑单行文字包括编辑文字的内容、对正方式及缩放比例,在菜单中选择"修改"→"对象"→"文字"子菜单中的命令进行设置,各命令的功能如下:

"编辑"命令:选择该命令,然后在绘图窗口中单击需要编辑的单行文字,进入文字编辑状态,可以重新输入文本内容。

"比例"命令：此时需输入缩放的基点以及指定文字的新高度、匹配对象或缩放比例。

"对正"命令：选择该命令，然后在绘图窗口中单击需要编辑的单行文字，此时可以设置文字的对正方式。

2. 编辑多行文字

要编辑创建的多行文字，在菜单中选择"修改"→"对象"→"文字"→"编辑"命令，或"文字"工具栏中单击"编辑"按钮，选择创建的多行文字，打开多行文字编辑器窗口，参照多行文字的设置方法，修改并编辑文字。

也可在绘图窗口中双击输入的多行文字，或在输入的多行文字上右击，在弹出的快捷菜单中选择"编辑多行文字"命令，打开多行文字编辑窗口。

5.5.4 创建表格

在 AutoCAD 2010 中，可以使用"创建表格"命令创建表格，还可以从中直接复制表格，并将其作为 AutoCAD 表格对象粘贴在图形中，也可以外部直接导入表格对象。另外，还可以输出来自 AutoCAD 的表格数据，以供在 Microsoft Excel 或其他程序中使用。

1. 新建表格样式

单击"样式"工具栏上的"表格样式"按钮，或选择"格式"→"表格样式"命令，即执行 Tablestyle 命令，AutoCAD 弹出"表格样式"对话框，如图 5-34 所示。

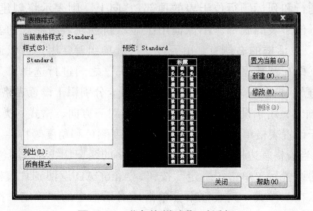

图 5-34 "表格样式"对话框

其中，"样式"列表框中列出了满足条件的表格样式；"预览"图片框中显示出表格的预览图像，"置为当前"和"删除"按钮分别用于将在"样式"列表框中选中的表格样式置为当前样式、删除选中的表格样式；"新建"、"修改"按钮分别用于新建表格样式、修改已有的表格样式。

如果单击"表格样式"对话框中的"新建"按钮，AutoCAD 弹出"创建新的表格样式"对话框，如图5-35 所示。

图 5-35 "创建新的表格样式"对话框

通过对话框中的"基础样式"下拉列表选择基础样式，并在"新样式名"文本框中输入新样式的名称后，单击"继续"按钮，AutoCAD弹出"新建表格样式"对话框，如图5-36所示。

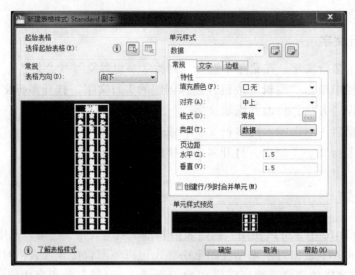

图 5-36 "新建表格样式"对话框

"新建表格样式"对话框中，左侧有起始表格、表格方向下拉列表框和预览图像框三部分。其中，起始表格用于使用户指定一个已有表格作为新建表格样式的起始表格。表格方向列表框用于确定插入表格时的表方向，有"向下"和"向上"两个选择，"向下"表示创建由上而下读取的表，即标题行和列标题行位于表的顶部，"向上"则表示将创建由下而上读取的表，即标题行和列标题行位于表的底部。图像框用于显示新创建表格样式的表格预览图像。

"新建表格样式"对话框的右侧有"单元样式"选项组等，用户可以通过对应的下拉列表确定要设置的对象，即在"数据"、"标题"和"表头"之间进行选择。

选项组中，"常规"、"文字"和"边框" 3 个选项卡分别用于设置表格中的基本内容、文字和边框。"常规"选项卡，用于设置表格的填充颜色、对齐方向、格式、类型及页边距等特性。"文字"选项卡，用于设置表格单元中的文字样式、高度颜色和角度等特性。"边框"选项卡，用户设置表格的边框，当表格有边框时，还可以设置表格的线宽、线型、颜色和间距等特性。

完成表格样式的设置后，单击"确定"按钮，AutoCAD返回到"表格样式"对话框，并将新定义的样式显示在"样式"列表框中。单击该对话框中的"确定"按钮关闭对话框，完成新表格样式的定义。

2. 创建表格

单击"绘图"工具栏上的"表格"按钮，或选择"绘图"→"表格"命令，即执行 Table 命令，AutoCAD弹出"插入表格"对话框，如图5-37所示。

此对话框用于选择表格样式，设置表格的有关参数。其中，"表格样式"选项用于选择所使用的表格样式。"插入选项"选项组用于确定如何为表格填写数据。预览框用于预览表格的样式。"插入方式"选项组设置将表格插入到图形时的插入方式。"列和行设置"选项组则用于设置表格中的行数、列数以及行高和列宽。"设置单元样式"选项组分别设置第一行、第二行和其他行的单元样式。

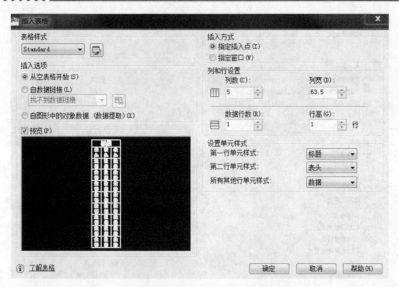

图5-37 "插入表格"对话框

通过"插入表格"对话框确定表格数据后，单击"确定"按钮，而后根据提示确定表格的位置，即可将表格插入到图形，且插入后 AutoCAD 弹出"文字格式"工具栏，并将表格中的第一个单元格醒目显示，此时就可以向表格输入文字，如图5-38所示。

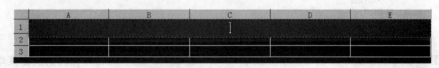

图5-38 处于编辑状态的表格

在表格上面有"文字格式"对话框，可以设置表格中文字的"字体"、"字高"、"粗体"、"斜体"等选项。

3. 编辑表格和表格单元

在 AutoCAD 2010 中，还可以使用表格的快捷菜单编辑表格。当选中整个表格时，其快捷菜单如图5-39所示，当选中表格单元时，其快捷菜单如图5-40所示。

（1）编辑表格

从表格的快捷菜单中可以看到，可以对表格进行剪切、复制、删除、移动、缩放和旋转等简单操作，还可以均匀调整表格的行、列大小，删除所有特性替代。当选择"输出"命令时，还可以打开"输出数据"对话框。

当选中表格后，在表格的四周、标题行上将显示许多夹点，也可以通过拖动这些夹点来编辑表格。

（2）编辑表格单元

使用表格单元快捷菜单可以编辑表格单元，其主要命令选项的功能如下：

"对齐"命令：在该命令子菜单中，可以选择表格单元的对齐方式。

"边框"命令：选择该命令，可打开"单元边框特性"对话框，可以设置边框单元格边框的线宽、颜色等选项。

图 5-39 选中整个表格时的快捷菜单   图 5-40 选中表格单元时的快捷菜单

"匹配单元"命令：用当前选中的表格单元格式匹配其他表格单元。

"插入点"命令：选择该命令的子命令，可以从中选择插入到表格中的块、字段和公式。

"合并"命令：当选中多个连续的单元格后，使用该子菜单的命令，可以全部按列或按行合并表格单元。

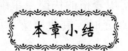

本章介绍了 AutoCAD 2010 的标注尺寸功能，文字标注功能和表格编辑功能。如果 AutoCAD 提供的尺寸标注样式不满足标注要求，那么在标注尺寸之前，应首先设置标注样式。当以某一样式标注尺寸时，应将该样式置为当前样式。AutoCAD 将尺寸标注分为线性标注、对齐标注、直径标注、半径标注、连续标注、基线标注和引线标注等多种类型。标注尺寸时，首先应清楚要标注尺寸的类型，然后执行对应的命令，再根据提示操作即可。文字是工程图中必不可少的内容，AutoCAD 2010 提供了用于标注文字的 Dtext 命令和 Mtext 命令。利用 AutoCAD 2010 的表格功能。用户可以基于已有的表格样式，通过指定表格的相关参数（如行数、列数等）将表格插入到图形中；可以通过快捷菜单编辑表格。同样，插入表格时，如果当前已有的表格样式不符合要求，则应首先定义表格样式。

思考与练习题

1. 按照下列要求设置标注样式：

（1）延伸线与标注对象的间距为 1 mm，超出尺寸线的距离为 2.5 mm；

（2）基线标注尺寸线间距为 10 mm；

（3）箭头使用"建筑标记"形状，大小为 3.5；

（4）标注文字的高度为 3 mm，文字位于尺寸线的中间，文字从尺寸线偏移距离为 1，对齐方式为 ISO 标准；

（5）长度标注单位的精度为 0.0，角度标注单位使用十进制，精度为 0.0。

2. 绘制如图 5-41 所示的图形，并进行标注。

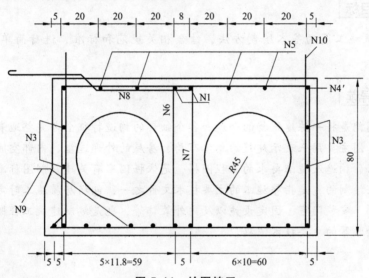

图 5-41　绘图练习

3. 创建文字样式"说明文字"，要求其字体为楷体，字高 5 mm，并使用多行文本命令录入图 5-42 所示的文字。

说明：

1. 本图尺寸除钢筋直径以毫米计外，其余均以厘米计。

2. N4′、N6、N7 钢筋为顶板负弯矩钢筋布置图中的 N4′、N6、N7钢筋；

3. 湿接头采用膨胀混凝土浇筑；

4. N1 及底板纵向钢筋采用单面焊，焊缝长度不小于 16 cm。

图 5-42　文字录入练习

第6章　建筑施工图的绘制

■ 知识目标

- 了解建筑施工图的基本组成。
- 掌握建筑施工图基本的绘制方法。

■ 技能目标

能应用建筑施工图的基本绘制方法，结合相关规范和标准，进行简单的建筑施工图绘制。

■ 学前导读

建筑施工图就是将一栋建筑物的全貌和各个细部的构造特征全部完整地表达出来。具体来讲，建筑施工图主要用来表示建筑的总体布局、房屋的外部造型、内部空间的布置、固定设施、内外装修、构造及施工要求的工程图样，是依据国家有关建筑制图标准以及建筑行业的习惯表达方法绘制的，是指导施工的主要技术文件之一，包括房屋施工时定位放线、砌筑墙身、制作楼梯、安装门窗、固定设施以及内外装饰等，也是编制建筑工程概预算。施工组织设计和工程验收等的主要技术依据。

6.1　建筑施工图的组成

一个工程的建筑施工图按内容的主次关系依次编排成册，通常以建筑施工图的简称加图纸的顺序号作为建筑施工图的图号，如建施-1、建施-2 等，不同地区、不同的设计单位叫法不尽相同。

一套完整地建筑施工图，主要包括以下内容：

（1）图纸首页。包括图纸目录。设计说明、经济技术指标以及选用的标准图集列表等。

（2）建筑总平面图：反映建筑物的规划位置、用地环境。

（3）建筑平面图：反映建筑物某层的平面形状、布局。

（4）建筑立面图：反映建筑物的外部形状。

（5）建筑剖面图：反映建筑内部的竖向布置。

（6）建筑详图：反映建筑局部的工程做法。

6.1.1　建筑总平面图

建筑总平面图是表达建设工程总体布局的图样，是在建设地域上空间地面一定范围投影所形成的水平投影图。建筑总平面图主要表示建筑地域一定范围内的自然环境和规划设计情况，它是新建工程施工定位、土方施工及施工平面布局的依据，也是规划设计给排水、采暖、电气等专业工程总平面图的依据。总平面图主要包括以下内容。

（1）地形和地貌。一般采用细实线画出表示地形、地貌的图线，如等高线、河流、池塘、水沟、土坡等，并标明等高线标高。总平面图表示的范围较大时，应画出测量或施工的坐标网，简单工程的总平面图附在首页图时可不划坐标方格网和等高线。

（2）新建、拟建、原有和拆除建筑及构筑物的外轮廓、位置和朝向。新建筑物的可见轮廓线用粗实线，计划修建的建筑物用中粗虚线表示，原有建筑物用细实线表示。标注新建筑物角点的定位坐标，或者利用原有建筑物或道路定位并在总平面图中标注必要的尺寸。加注新建建筑室外地面的绝对标高、室内首层地面绝对标高。定位坐标、尺寸和绝对标高的单位为“m”，一般精确至小数点后 2 位。

（3）室外道路、场地、绿化等。新建的道路、围墙等用中粗实线表示，原有的用细实线表示。

（4）指北针或风向频率图。在总平面图上画出指北针或风向频率图（亦称风玫瑰图），以表明建筑物的朝向与该地区的常年风向频率。

（5）文字注释。标注建筑物、构筑物的名称或编号。

（6）补充图例。

6.1.2　建筑平面图

建筑平面图是用一个假想的水平切平面沿门窗洞的位置将房屋剖切后，其下半部的正投影图，简称平面图。它表示建筑物的平面形状，各种房间的布置及相互关系，门、窗、入口、走道、楼梯的位置，建筑物的尺寸、标高，房间的名称或编号。

通常，房屋的每一层都应画出平面图，并在图的下方注明相应的图名。如首层平面图、二层平面图等。相同的楼层可用一个平面图表示，称为标准平面图。其中，首层平面图还应画出室外的台阶、明沟、散水等，并标注指北针标明建筑物的朝向。二、三等层平面图还需画出本层室外的雨棚、阳台等。此外还有屋面平面图，是房屋顶面的水平投影。

平面图上凡是被水平切平面剖切到的墙、柱等截面轮廓线用粗实线，门开启线及其余可见的轮廓线和尺寸线等均用细实线。

6.1.3　建筑立面图

在与房屋立面平行的投影面上所作的房屋的正面投影称为建筑立面图。立面图用来表示建筑物的外貌特征。其中，将表现主要入口或房屋主要外貌特征的立面图作为正立面图，其余的立面图相应地称为背立面图和侧立面图。根据建筑物两端定位轴线命名，如①~⑨轴立面图。立面图要画出建筑物的外形、构造及外墙面装饰、装修等。

6.1.4 建筑剖面图

用一个与外墙轴线垂直的假想平面将房屋剖开，移去靠近观察者视线的部分后的正投影图即为建筑剖面图，简称剖面图。剖面图用来表示房屋内部从地面到屋面垂直方向高度、分层情况、垂直空间的利用、简要的结构形式和构造形式等，如屋顶的形式和坡度、檐口形式、楼板搁置方式、楼梯的形式与结构、各部位的联系和构造等。

剖面图的剖切位置在平面图上标明。通常，选择在内部结构和构造有代表性的部位进行剖切。剖切图的图名应与平面图上剖切位置的剖切编号一致。

6.1.5 建筑施工详图

1. 墙体详图

表达墙身及其相连的屋顶、挑檐、楼地面、门窗过梁和窗台、勒脚、散水等部位的详细构造及工程做法。墙身详图通常采用 1：20、1：25 的比例，所以在详图中必须画出各种材料的相应图例，并且按相关规范的要求，在墙身及楼地面等构配件两侧分别画出抹灰线，以表示粉刷层的厚度。楼地面、屋顶、墙身及散水等的工程做法，用文字说明的形式标注。

2. 门窗详图

用立面图表示门窗的外形尺寸和开启方向，用大比例的节点详图表示门窗的截面、用料、安装位置、门窗扇与框的连接关系等。采用标准图集中的门窗型号时，在门窗表中注明所选用的标准图案代号。

3. 楼梯详图

表明楼梯的类型、结构形式、各部位尺寸及工程做法。用建筑详图及结构详图分别绘制。

（1）楼梯平面图：多层建筑物中每层楼梯都应画相应的平面图，若中间各层楼梯梯段数、踏步数及布置相同时，可用"中间层或标准层"表示。楼梯平面图是各层楼梯的水平剖面图，其剖切位置在每层楼面上行的第一梯段范围内。底层及中间层平面图中，用一条倾斜 45°的折断线表示切平面的位置，以避免与梯段线混淆。楼梯平面图标注楼梯间的轴线尺寸及轴线编号，楼地面和休息平台的标高，梯段、平台的长宽尺寸及踏步数，用箭头表示梯段上、下行方向及踏步数。楼梯剖面图的剖切符号仅表示在底层平面图中。

（2）楼梯剖面图假想用一竖直平面沿着与梯段平行方向剖切，向未被剖切的梯段方向投影，即可产生楼梯剖面图。剖面图中除标注楼梯平面图中的标高外，还应标注梯段的高度及相应梯级数。

（3）节点详图表示楼梯、踏步、栏杆、扶手的形式及其连接构造。

（4）楼梯详图的画法。

平面图画法：

① 绘制定位轴线，画出各轴线两侧墙体堵体的轮廓线。

② 确定平台宽度、梯段的水平投影长度及宽度，然后按梯段内的踏步数对其进行平行等分。

③ 按平面图的层次将图线加深后，标注各构件的类型号、尺寸及各平台板的标高。

剖面图画法：

① 绘制定位轴线及墙体轮廓线。

② 绘制各楼地面及平台板的面层线，然后绘制梁、板断面。

③ 根据每一梯段的梯级数，沿梯段高度方向等量分格，沿梯段长度方向做梯级数减一的分格。

④ 按剖面图的层次将图线加深后，标注构件的类型号、尺寸及各平台板的标高。

6.2　建筑施工图的绘制基本方法

在进行实际的建筑施工图绘图之前，掌握立面图、平面图、剖面图的识图和绘图的基本知识是必不可少的一项准备工作。本节结合建筑制图知识介绍了建筑施工图的形成方法、组成内容及制图原则。

6.2.1　建筑平面图

1. 建筑平面图的图示内容

（1）定位轴线。

（2）各构、配件。被剖切到且视图可见的墙、柱、门、窗，并对门窗编号。

（3）楼梯（楼梯间的位置、梯段行走方向及休息平台位置尺寸等）。

（4）房间名称、标高和尺寸。平面图的尺寸主要分三层标注：三层尺寸线的顺序为由内到外、由小到大，指门窗洞口尺寸，定位轴线的间距（开间和进深），总尺寸（总长、总宽）。其他细部尺寸（如台阶、散水），可标注在第一层尺寸线及图形轮廓之间。

（5）指北针、剖切符号、索引符号。确定建筑物朝向的指北针、剖面图的剖切符号仅在底层平面图中表示。

（6）其他。指阳台、雨棚、雨水管、台阶、散水、卫生间及厨房设备等。对于剖切位置以外的建筑构造及设备（如高窗、吊橱等），可用虚线表示。

（7）屋顶平面图。应该标明屋顶的平面形状、屋面坡度及起坡方向（指下坡方向）、排水管的布置、挑檐、女儿墙、上人孔等。

2. 建筑平面图的作图步骤

（1）绘制图幅线、图框线和标题栏。

（2）合理布置图面，然后绘制纵、横双向定位轴线。

（3）在轴线两侧绘制被剖到的墙身和柱断面轮廓线，画出门窗洞口位置线、图例线以及窗台、楼梯踏步台阶、散水等细部构造。

（4）标注指北针、尺寸线、轴线圆圈、索引符号及剖切符号等。

（5）区别不同线宽。被剖到的主要建筑构件的轮廓线，用粗实线；被剖到的次要建筑构配件的用中实线；对未被剖到的楼梯、梯段等构配件的可见轮廓线，用中实线；构配件中细小的可见轮廓线，用细实线。

（6）画不同的材料图例，进行区别对待。

（7）最后填写房间名称、尺寸数字、图名、比例等标注。

6.2.2　建筑立面图

1.　建筑立面图的图示内容

（1）各立面图两端的轴线及编号。

（2）建筑物的外轮廓线。

（3）建筑构配件。如墙面分格及装饰、色彩、门窗的位置形状、洞口的分格及阳台、挑檐、台阶等。

（4）标高及尺寸。高度尺寸主要以标高的形式来标注，其中有建筑标高和结构标高之分。在标注构件的上顶面标高时，应标注到完成抹面或粉刷后的建筑标高（如楼地面）。在标注雨棚及檐口底面标高时，需标注到未加抹面及粉刷层的结构标高。门面洞口上下均标注未加粉刷层的结构标高。

（5）各种标注。用文字来标注外立面的装饰材料及色彩，索引符号。

2.　建筑立面图的作图步骤

（1）绘制立面图两端的定位轴线、轮廓线。

（2）绘制门窗洞口。根据门窗洞口的上、下口标高绘制洞口定位线，并确定洞口宽度。

（3）绘制门窗分格线。

（4）绘制雨棚、雨水管、台阶、墙面装饰线等细部构造。

（5）绘制标高符号、轴线圆圈、索引符号。

（6）加深图线。室外地坪线用加粗实线，轮廓线用粗实线，门窗洞口用中实线，分格线及其他构造用细实线。

（7）最后填写尺寸数字、图名、比例等标注。

6.2.3　建筑剖面图

1.　建筑剖面图的图示内容

（1）被剖切到墙体、柱子的定位轴线。

（2）剖切到的构配件。指各层楼地面、屋顶的梁、板、墙体、柱子、楼梯、阳台、雨棚及挑檐等。对上述被剖切到的构件，应按"国标"规定画出材料图例。

（3）未被剖切但视图可见的构配件。

（4）标高及尺寸。对于室外地坪、各层楼地面、楼梯平台、阳台、台阶等处分别标注建筑标高，檐口、门窗洞口标注各自的结构标高，并标注各部分的高度尺寸。

（5）详图索引及文字说明。剖面图中应表达各主要构件的工程做法，一般用详图索引符号及文字说明的形式标注。

2. 建筑剖面图的作图步骤

（1）绘制被剖切墙体及构件的定位轴线、室外地坪线、楼地面线、屋面线、楼梯各平台线。

（2）绘制被剖到的构配件、墙身、梁、板、台阶、楼梯的轮廓线，并画出各材料的图例。

① 比例大于 1∶50 的平面图、剖面图，应画出抹灰层与楼地面、屋面的面层线，并宜画出材料图例。

② 比例等于 1∶50 的平面图、剖面图，宜画出楼地面、屋面的面层线，抹灰层的面层线应根据需要而定。

③ 比例小于 1∶50 的平面图、剖面图，可不画出抹灰层，但宜画出楼地面、屋面的面层线。

④ 比例为 1∶100 ~ 1∶200 的平面图、剖面图，可画简化的材料图例（如钢筋混凝土涂黑等），但宜画出楼地面、屋面的面层线。

⑤ 比例小于 1∶200 的平面图、剖面图，可不画材料图例，剖面图的楼地面、屋面的面层线可不画出。

（3）未被剖到的构配件。剖面图可见的构配件，如门窗洞口、楼梯、栏杆等。

（4）标高及尺寸。标注室内外地坪、楼地面、楼梯平台的建筑标高，雨棚、门窗洞口、屋顶板的结构标高及相应高度方向的尺寸。

（5）加深图线。室外地坪线用加粗实线，被剖切构配件的轮廓用粗实线，可见的门窗洞线用中实线，其余配件用细实线。

（6）最后填写图名、比例等标注。

6.3 建筑施工图的绘制

本节着重介绍了建筑立面图的基本知识和绘制全过程，并通过一个实例，演示了如何利用 AutoCAD 绘制一个完整的建筑立面图。建筑立面图是建筑设计中的一个重要组成部分，通过本节的学习，用户应该了解建筑立面图绘制方法，能够独立完成建筑立面图的绘制。由于篇幅所限，平面图和剖面图详细绘制方法不再一一赘述。

本节以图 6-1 所示的一别墅立面图为例，详细介绍建筑立面图的绘制方法。

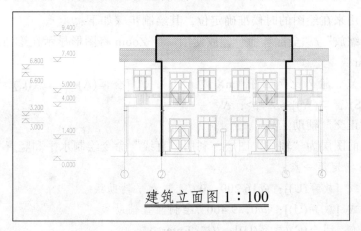

图 6-1 别墅正立面图

6.3.1 建立绘图环境

（1）本例中采用 A4 图纸，所以设置的绘图范围是，长为 297.00 mm，宽为 210.00 mm。

（2）设置图层打开"图层特性管理器"对话框，在该对话框中单击"新建图层"按钮，为隔墙创建一个图层，然后在列表区的动态文本框中输入"隔墙"，最后单击"确定"按钮完成"隔墙"图层的设置。采用同样的方法，依次创建"窗"、"门"、"阳台"、"图框"、"轮廓线、地坪线"等图层，如图 6-2 所示。

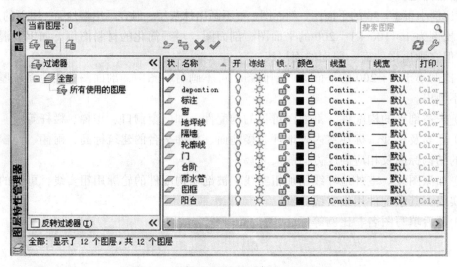

图 6-2　"图层特性管理器"对话框

6.3.2 绘制图形

完成了绘图环境的设置，下面就可绘制图 6-1 所示的别墅建筑立面图，可按照前文所述的绘制步骤进行绘制。

1. 绘制定位轴线

定位轴线可用来在绘图的时候准确定位，其绘制步骤如下：

（1）利用"缩放"/"全部"命令，或使用命令 Zoom 将图形显示在绘图区。

命令：Zoom

指定窗口角点，输入比例因子（nX 或 nXP），或 [全部(A)/中心点(C)/动态(D)/范围(E)/上一个(P)/比例(S)/窗口(W)] <实时>：A

（2）打开"正交"辅助工具。

（3）设置当前图层为"轴线"图层，利用"直线"命令绘制水平和竖直基准线。

命令：_line 指定第一点：

指定下一点或 [放弃(U)]：@16 200，0 //绘制水平辅助线

指定下一点或 [放弃(U)]：@0，9 400 //绘制竖直辅助线

指定下一点或 [闭合(C)/放弃(U)]：//按 <Enter> 键

（4）利用"复制"命令以竖直线为基线将竖直线按照一定的距离复制，距离分别为 3 000、3 440、5 240、5 990、7 490、8 750、10 250、11 000、12 800、13 240、16 240。

命令：_copy //复制竖向辅助线

选择对象：

指定对角点：找到 1 个 //选定竖向辅助线

选择对象：//按<Enter>键

指定基点或 [位移(D)] <位移>：

指定第二个点或 <使用第一个点作为位移>：

指定第二个点或 [退出(E)/放弃(U)] <退出>：

…… //重复"复制"命令直至绘制完成

指定第二个点或 [退出(E)/放弃(U)] <退出>：//按<Enter>键

（5）利用"复制"命令以水平线为基线将水平线按照固定的距离向上复制，复制距离为400、1 400、3 200、3 900、5 000、6 800、7 400、9 400。

命令：_copy //复制水平辅助线

选择对象：指定对角点：找到 1 个 //选定水平辅助线

选择对象：//按<Enter>键指定基点或 [位移(D)] <位移>：

指定第二个点或 <使用第一个点作为位移>：

指定第二个点或 [退出(E)/放弃(U)] <退出>：

…… //重复"复制"命令直至绘制完成

指定第二个点或 [退出(E)/放弃(U)] <退出>：//按<Enter>键

绘制好的定位辅助线如图 6-3 所示（为了作图需要，后面可能还会加其他辅助线）。

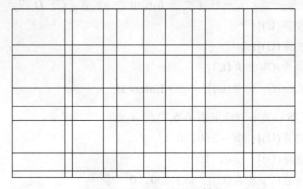

图 6-3 完成后的定位轴线

2. 绘制轮廓线和地坪线

轮廓线和地坪线是用来加强建筑立面图效果的。利用 AutoCAD 绘制轮廓线通常有两种方法：一种是设置直线线宽，另一种是用"多段线"命令来实现。在本节中将利用第一种方法绘制建筑轮廓线，用第二种方法绘制地坪线，具体步骤如下：

（1）将"轮廓线、地坪线"层设为当前图层，将当前图层的线型设置为 Continuous，线宽0.3 mm。同时打开状态栏中的"对象捕捉"辅助工具，选择端点、交点和垂足对象捕捉方式。

（2）采用"直线"命令绘制主外墙轮廓线。

命令：_line 指定第一点：//拾取图 6-4 中的 *A* 点

指定下一点或 [放弃(U)]：//拾取图 6-4 中的 *B* 点

指定下一点或 [放弃(U)]：@−400，0

指定下一点或 [闭合(C)/放弃(U)]：//拾取图 6-4 中的 *C* 点，使用垂足捕捉

指定下一点或 [闭合(C)/放弃(U)]：//拾取图 6-4 中的 *D* 点

指定下一点或 [闭合(C)/放弃(U)]：@400，0

指定下一点或 [闭合(C)/放弃(U)]：//拾取图 6-4 中的 *E* 点

指定下一点或 [闭合(C)/放弃(U)]：//拾取图 6-4 中的 *F* 点

指定下一点或 [闭合(C)/放弃(U)]：//拾取图 6-4 中的 *G* 点

指定下一点或 [闭合(C)/放弃(U)]：//按<Enter>键，绘图效果如图 6-5 所示。

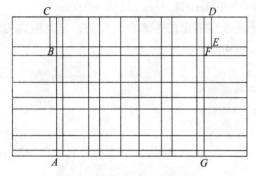

图 6-4 绘制主外墙轮廓线　　　　图 6-5 主外墙轮廓效果

（3）使用"直线"命令绘制其余轮廓线，将线宽改为默认。

命令：_line 指定第一点：//分别捕捉图 6-6 中的 *A*、*B*、*C*、*D* 四点

指定下一点或 [放弃(U)]：

指定下一点或 [放弃(U)]：

指定下一点或 [闭合(C)/放弃(U)]：

指定下一点或 [闭合(C)/放弃(U)]：//按<Enter>键

命令：_line 指定第一点：//拾取图 6-6 中的 *A* 点

指定下一点或 [放弃(U)]：@−360，0

指定下一点或 [放弃(U)]：@0，1000

指定下一点或 [闭合(C)/放弃(U)]：@3 000，0

指定下一点或 [闭合(C)/放弃(U)]：//按<Enter>键

命令：_line 指定第一点：//分别捕捉图 6-6 中的 *E*、*F*、*G*、*H* 四点

指定下一点或 [放弃(U)]：

指定下一点或 [放弃(U)]：

指定下一点或 [闭合(C)/放弃(U)]：

指定下一点或 [闭合(C)/放弃(U)]：//按<Enter>键

命令：_line 指定第一点：//选择图 6-6 中的 *F* 点

指定下一点或 [放弃(U)]：@360，0

指定下一点或 [放弃(U)]: @0, 1 000

指定下一点或 [闭合(C)/放弃(U)]: @−3 000, 0

指定下一点或 [闭合(C)/放弃(U)]: //按<Enter>键

命令: _line 指定第一点: //绘制屋檐线

指定下一点或 [放弃(U)]: //选择图 6-6 中的 B 点

指定下一点或 [放弃(U)]: //选择图 6-6 中的 E 点

指定下一点或 [放弃(U)]: //按<Enter>键

绘制效果如图 6-7 所示。

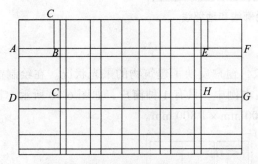

图 6-6 绘制外墙其余轮廓线

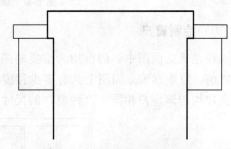

图 6-7 外墙其余轮廓线效果

注意: 在"对象特性"工具栏中可以设置线宽, 但有时绘图窗口中并没有显示该工具栏, 此时只需选择"格式"/"线宽"命令, 在弹出的"线宽设置"对话框中选中"显示线宽"复选框, 如图 6-8 所示, 则绘图窗口中将会显示线宽。

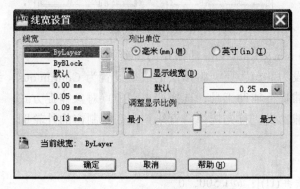

图 6-8 "线宽设置"对话框

（4）采用 Pline 命令绘制地坪线。

命令: Pline

指定起点:

当前线宽为 0.0000

指定下一个点或 [圆弧(A)/半宽(H)/长度(L)/放弃(U)/宽度(W)]: W

指定起点宽度 <0.0000>: 50

指定端点宽度 <50.0000>: //按<Enter>键

指定下一个点或 [圆弧(A)/半宽(H)/长度(L)/放弃(U)/宽度(W)]:

指定下一点或 [圆弧(A)/闭合(C)/半宽(H)/长度(L)/放弃(U)/宽度(W)]: //按<Enter>键

绘制好轮廓线和地坪线的图形如图 6-9 所示。

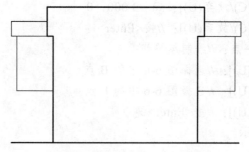

图 6-9　建筑物轮廓线和地坪线

3. 绘制窗户

在建筑立面图中，门窗均为重要的图形对象，窗户反映了建筑物的采光状况。在绘制窗户之前，应观察该立面图上共有多少种窗户。在本例中，只有 1 种窗户，如图 6-10 所示，其余窗户均与该窗户相同，这种窗户的尺寸为 1 500 mm×1 800 mm。

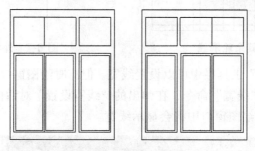

图 6-10　窗户的样式

绘制尺寸为 1 500 mm×1 800 mm 的窗户的步骤如下：

（1）将当前图层设为"窗"层，将图层的线型设置为 Continuous，线宽为默认。同时打开状态栏中的"对象捕捉"辅助工具，选择端点和中点对象捕捉方式。

（2）绘制窗户的辅助线。首先选择"直线"命令绘制窗的外轮廓。

命令：_line
指定第一点：
指定下一点或 [放弃(U)]：@1 500，0
指定下一点或 [放弃(U)]：@0，1 800
指定下一点或 [闭合(C)/放弃(U)]：@-1 500，0
指定下一点或 [闭合(C)/放弃(U)]：C
利用"复制"命令绘制窗户辅助线。

命令：_copy
选择对象：找到 1 个
选择对象：//按<Enter>键
指定基点或 [位移(D)] <位移>：
指定第二个点或 <使用第一个点作为位移>：50
指定第二个点或 [退出(E)/放弃(U)] <退出>：//按<Enter>键

重复使用"复制"命令直至完成所有辅助线，绘制结果如图 6-11 所示。

（3）绘制气窗。选择"绘图"/"矩形"命令绘制气窗。

命令：_rectang

指定第一个角点或 [倒角（C）/标高(E)/圆角(F)/厚度(T)/宽度(W)]：//选择图 6-12 中的 A 点

指定另一个角点或 [面积(A)/尺寸(D)/旋转(R)]：@900，400

命令：_rectang

指定第一个角点或 [倒角(C)/标高(E)/圆角(F)/厚度(T)/宽度(W)]：//选择图 6-12 中的 A 点

指定另一个角点或 [面积(A)/尺寸(D)/旋转(R)]：@450，400

命令：_rectang

指定第一个角点或 [倒角(C)/标高(E)/圆角(F)/厚度(T)/宽度(W)]：//选择图 6-12 中的 B 点

指定另一个角点或 [面积(A)/尺寸(D)/旋转(R)]：@−450，400

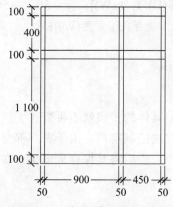

图 6-11　复制辅助线及尺寸

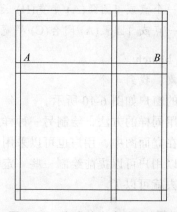

图 6-12　完成的窗户的辅助线

（4）绘制窗户的玻璃轮廓线。采用"矩形"命令绘制玻璃外轮廓线，矩形角点选择合适的辅助线交点，然后采用"偏移"命令绘制内轮廓线，偏移距离为 25，最后采用"对象捕捉"功能捕捉内轮廓线上下两边的中点，绘制窗户的中线。

（5）删除所有的窗户辅助线，选择"修改"/"修剪"命令对偏移的内轮廓线进行修剪。

命令：_trim

当前设置：投影＝UCS，边＝无

选择修剪边...

选择对象：找到 1 个

选择对象：//按<Enter>键

选择要修剪的对象，或按住<Shift>键选择要延伸的对象，或[栏选(F)/窗交(C)/投影(P)/边(E)/删除(R)/放弃(U)]：

（6）绘制窗户的旋转开关。

命令：_circle 指定圆的圆心或 [三点(3P)/两点(2P)/相切、相切、半径(T)]：

指定圆的半径或 [直径(D)] <25.0000>：25

命令：divide

选择要定数等分的对象：//选择刚绘制的圆

输入线段数目或 [块(B)]: 8

命令: _line
指定第一点:
指定下一点或 [放弃(U)]:
指定下一点或 [放弃(U)]: //按<Enter>键

命令: pline
指定起点:
当前线宽为 0.0000
指定下一个点或 [圆弧(A)/半宽(H)/长度(L)/放弃(U)/宽度(W)]: w
指定起点宽度 <0.0000>: 25
指定下一个点或 [圆弧(A)/半宽(H)/长度(L)/放弃(U)/宽度(W)]: @−50，−50
指定下一个点或 [圆弧(A)/闭合(C)/半宽(H)/长度(L)/放弃(U)/宽度(W)]:

命令: _bhatch
选择对象: 找到 1 个
绘制完的窗户如图 6-10 所示。

（7）采用同样的方法，绘制另一种样式的窗户，具体的步骤就不再赘述了。

提示：在立面图中，用户也可以采用另外一种方法绘制窗户。由于窗户都要符合国家有关标准，所以用户可以提前绘制一些一定模式的窗户，然后将其保存成图块，在需要的时候直接插入进去就可以了。

4. 绘制门

在建筑立面图中，门也是重要的图形对象，与绘制窗户相类似，在绘制门之前，应观察该立面图上共有多少种门。对于本立面图来说，只有一个双扇门，所以只需绘制一种型式的门即可。门的具体绘制步骤如下：

（1）将当前图层设为"门"层，将图层的线型设置为 Continuous，线宽为默认。同时打开状态栏中的"对象捕捉"辅助工具，选择端点和中点对象捕捉方式。

（2）绘制门洞的轮廓线。在本例中，选择"绘图"/"矩形"命令绘制此轮廓线。

命令: _rectang
指定第一个角点或 [倒角(C)/标高(E)/圆角(F)/厚度(T)/宽度(W)]:
指定另一个角点或 [面积(A)/尺寸(D)/旋转(R)]: @1 800，2 600

（3）绘制气窗。绘制完门洞轮廓线后，绘制气窗辅助线，在轮廓线内部的上方加入三个500×400 的矩形，最后删除辅助线即可。

命令: _explode 找到 1 个 //分解开门洞矩形
命令: _copy //绘制辅助线
选择对象: 找到 1 个 //选择矩形上边
选择对象: //按<Enter>键
指定基点或 [位移(D)] <位移>: 指定第二个点或<使用第一个点作为位移>: 100
指定第二个点或 [退出(E)/放弃(U)] <退出>: //按<Enter>键

命令：_copy

选择对象：找到 1 个 //选择矩形左边

选择对象：//按<Enter>键

指定基点或 [位移(D)] <位移>：指定第二个点或 <使用第一个点作为位移>：100

指定第二个点或 [退出(E)/放弃(U)] <退出>：//按<Enter>键

命令：_rectang //绘制气窗

指定第一个角点或 [倒角(C)/标高(E)/圆角(F)/厚度(T)/宽度(W)]：

//选择复制偏移后的门洞矩形上边和左边的交点

指定另一个角点或 [面积(A)/尺寸(D)/旋转(R)]：@500，−400

命令：_copy //复制气窗

选择对象：找到 1 个

选择对象：//按<Enter>键

指定基点或 [位移(D)] <位移>：指定第二个点或 <使用第一个点作为位移>：550

指定第二个点或 [退出(E)/放弃(U)] <退出>：//按<Enter>键

命令：_copy

选择对象：找到 1 个

选择对象：//按<Enter>键

指定基点或 [位移(D)] <位移>：指定第二个点或 <使用第一个点作为位移>：550

指定第二个点或 [退出(E)/放弃(U)] <退出>：//按<Enter>键

命令：_.erase 找到 1 个 //删除辅助线

命令：_.erase 找到 1 个 //删除辅助线

（4）绘制门扇的轮廓线。绘制门扇轮廓线也是在门洞轮廓线中加入矩形，用户可以用改变坐标系的方法绘制门扇的轮廓线。

命令：_rectang

指定第一个角点或 [倒角(C)/标高(E)/圆角(F)/厚度(T)/宽度(W)]：//选择门洞矩形下边和偏移后的左边的交点

指定另一个角点或 [面积(A)/尺寸(D)/旋转(R)]：@800，2 000

命令：_ucs //单击 UCS 工具栏上的"原点"按钮

当前 UCS 名称：*世界*

输入选项

[新建(N)/移动(M)/正交(G)/上一个(P)/恢复(R)/保存(S)/删除(D)/应用(A)/?/世界（W）]<世界>：_o

指定新原点 <0，0，0>：//对象捕捉到矩形上边的中点

命令：_rectang //绘制门的上下两扇，它们的形状都是矩形，仍然采用"矩形"命令来绘制

指定第一个角点或 [倒角(C)/标高(E)/圆角(F)/厚度(T)/宽度(W)]：−100，−200

指定另一个角点或 [面积(A)/尺寸(D)/旋转(R)]：@−600，−700

命令：_copy

选择对象：找到 1 个 //选择上步所绘制的矩形

选择对象：//按<Enter>键

指定基点或 [位移(D)] <位移>：//选择矩形角点

指定第二个点或 <使用第一个点作为位移>：—900

指定第二个点或 [退出(E)/放弃(U)] <退出>：//按<Enter>键

（5）绘制门的装饰线，注意采用"对象捕捉"辅助工具。

命令：_line

指定第一点：//选择门洞矩形上边中点

指定下一点或 [放弃(U)]：//选择门洞矩形左边中点

指定下一点或 [放弃(U)]：//选择门洞矩形下边中点

指定下一点或 [闭合(C)/放弃(U)]：//按<Enter>键

（6）连接门洞矩形上边和下边的中点绘制门缝线。

（7）绘制完成一扇门，采用"镜像"命令绘制另外一扇门。

命令：_mirror

选择对象：指定对角点：找到 5 个 //选中绘制的单扇门

选择对象：//按<Enter>键

指定镜像线的第一点：//选择门缝线顶点

指定镜像线的第二点：//选择门缝线底点

是否删除源对象？[是（Y）/否（N）]：//按<Enter>键

绘制完成的门如图 6-13 所示。

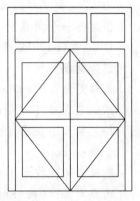

图 6-13　绘制完成的门

（8）利用"复制"命令将绘制的门复制到合适的地方，门窗绘制完成后的图形如图 6-14 所示。

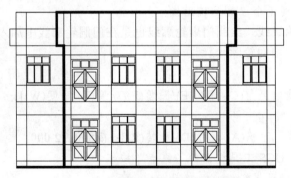

图 6-14　完成门窗绘制的立面图

5. 绘制阳台

在本立面图中，二层左右对称共有四个阳台，分两种，一种长 3 000 mm，高 1 000 mm；另一种长 2 500 mm，高 1 000 mm。可以先绘制出两种阳台，再利用"复制"命令把阳台复制到合适的位置。这里以长度为 3 000 mm 的阳台为例，向用户介绍绘制阳台的方法。

（1）将当前图层设为"阳台"层，将当前图层的线型设置为 Continuous，线宽为默认。同时将状态栏中的"对象捕捉"辅助工具打开，选择端点和中点对象捕捉方式。

（2）绘制阳台底板。选择"绘图"/"矩形"命令绘制。

命令：_rectang

指定第一个角点或 [倒角(C)/标高(E)/圆角(F)/厚度(T)/宽度(W)]：

指定另一个角点或 [面积(A)/尺寸(D)/旋转(R)]：@3 000，100

（3）绘制阳台挡板。同样利用"矩形"命令绘制。

命令：_rectang

指定第一个角点或 [倒角(C)/标高(E)/圆角(F)/厚度(T)/宽度(W)]：//选择底板矩形左上角点

指定另一个角点或 [面积(A)/尺寸(D)/旋转(R)]：@1 000，600

命令：_rectang

指定第一个角点或 [倒角(C)/标高(E)/圆角(F)/厚度(T)/宽度(W)]：//选择底板矩形右上角点

指定另一个角点或 [面积(A)/尺寸(D)/旋转(R)]：@－1 000，600

（4）绘制阳台扶手。同样利用"矩形"命令绘制。

命令：_line 指定第一点：//绘制辅助线，选择左侧挡板左上角点

指定下一点或 [放弃(U）]：@0，300

指定下一点或 [放弃(U)]：//按<Enter>键

命令：_line 指定第一点：//绘制辅助线，选择右侧挡板右上角点

指定下一点或 [放弃(U)]：@0，300

指定下一点或 [放弃(U)]：//按<Enter>键

命令：_rectang

指定第一个角点或 [倒角(C)/标高(E)/圆角(F)/厚度(T)/宽度(W)]：

//选择第 1 条辅助线上端点

指定另一个角点或 [面积(A)/尺寸(D)/旋转(R)]：@3 000，100

（5）绘制阳台栅栏。利用"阵列"命令绘制，将阵列距离设为100。

命令：_array //绘制左侧阳台挡板上部的栅栏

选择对象：找到 1 个 //选择第（4）步中绘制的第 1 条辅助线

选择对象：//按<Enter>键

命令：_array //绘制右侧阳台挡板上部栅栏

选择对象：找到 1 个 //选择第（4）步中绘制的第 2 条辅助线

选择对象：//按<Enter>键

命令：_explode 找到 1 个 //分解开左侧挡板矩形

命令：_array

选择对象：找到 1 个

选择对象：找到 1 个，总计 2 个 //选择左侧挡板矩形的右边及其上面的栅栏线

选择对象：//按<Enter>键

绘制完成的阳台如图 6-15 所示。

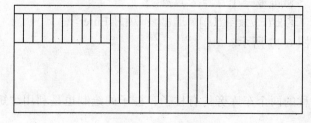

图 6-15 阳台图

用同样方法绘制另一个阳台，将绘制完成的阳台插入到立面图中，修剪被阳台挡住的门线，结果如图 6-16 所示。

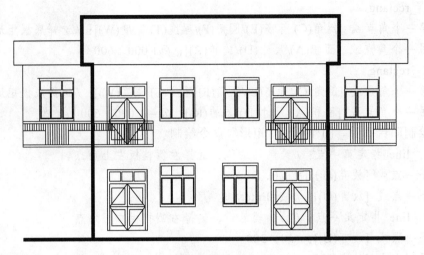

图 6-16　完成阳台绘制的立面图

6. 绘制台阶

台阶的绘制比较简单，是采用"矩形"命令绘制的，这幅立面图上仅有两处相同的台阶，具体绘制步骤如下：

命令：_rectang

指定第一个角点或 [倒角(C)/标高(E)/圆角(F)/厚度(T)/宽度(W)]：from

基点：<偏移>：@－220，0 //选择首层左侧门的门洞矩形的左下角点为基点

指定另一个角点或 [面积(A)/尺寸(D)/旋转(R)]：@2 240，－200

命令：_rectang

指定第一个角点或 [倒角(C)/标高(E)/圆角(F)/厚度(T)/宽度(W)]：from

基点：<偏移>：@－220，0 //选择上一条命令绘制的矩形的左下角点为基点

指定另一个角点或 [面积(A)/尺寸(D)/旋转(R)]：@2 680，－200

命令：_copy //将绘制好的矩形复制到另一处

选择对象：指定对角点：找到 2 个

选择对象：//按<Enter>键

指定基点或 [位移(D)] <位移>：

指定第二个点或 <使用第一个点作为位移>：

指定第二个点或 [退出(E)/放弃(U)] <退出>：//按<Enter>键

绘制好的图形如图 6-17 所示。

7. 绘制柱子

在立面图中，对称的两个车库旁均有柱子，柱子的绘制也是利用"矩形"命令完成，具体操作如下：

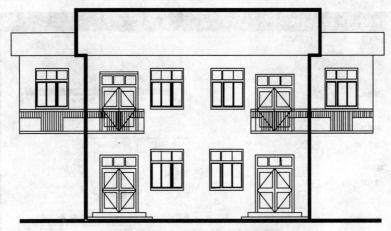

图 6-17　含有台阶的立面图

命令：_rectang

指定第一个角点或 [倒角(C)/标高(E)/圆角(F)/厚度(T)/宽度(W)]：//选择阳台底板与轮廓线交点

指定另一个角点或 [面积(A)/尺寸(D)/旋转(R)]：@240，−3 900

命令：_copy

选择对象：指定对角点：找到 1 个

选择对象：//按<Enter>键

指定基点或 [位移(D)] <位移>：指定第二个点或 <使用第一个点作为位移>：

指定第二个点或 [退出(E)/放弃(U)] <退出>：//按<Enter>键

8. 绘制雨水管

雨水管是将屋顶的雨水引流到地面的管道。一般雨水管的上部是梯形漏斗，漏斗下部为细长管道，绘制雨水管的具体操作如下：

（1）将当前图层设为"雨水管"层，将图层的线型设置为 Continuous，线宽为默认。同时打开状态栏中的"对象捕捉"辅助工具，选择端点和中点对象捕捉方式。

（2）选择"格式"/"多线样式"命令，弹出"多线样式"对话框，单击"修改"按钮，弹出"修改多线样式"对话框，对 STANDARD 样式进行修改，参数设置如图 6-18 所示。

（3）选择"绘图"/"多线"命令，绘制雨水管的主管道。

命令：_mline

当前设置：对正 = 上，比例 = 20.00，样式 = STANDARD

指定起点或 [对正(J)/比例(S)/样式(ST)]：S

输入多线比例 <20.00>：100

当前设置：对正 = 上，比例 = 100.00，样式 = STANDARD

指定起点或 [对正(J)/比例(S)/样式(ST)]：

指定下一点：

指定下一点或 [放弃(U)]：//按<Enter>键

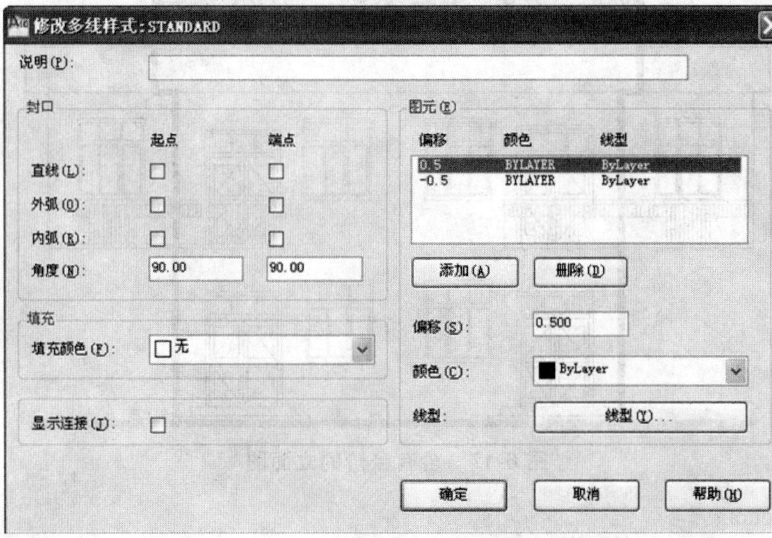

图 6-18　修改 STANDARD 多线样式参数

命令：_line 指定第一点：from //绘制漏斗

基点：//捕捉图 6-19 中的 A 点<偏移>：@0，−300

指定下一点或 [放弃(U)]：@-100，0

指定下一点或 [放弃(U)]：@100，−150

指定下一点或 [放弃(U)]：@100，0

指定下一点或 [放弃(U)]：@100，150

指定下一点或 [闭合(C)/放弃(U)]：@−100，0

指定下一点或 [闭合(C)/放弃(U)]：C

命令：_explode 找到 1 个 //分解开多线

命令：_trim //裁剪雨水管

当前设置：投影=UCS，边=无

选择修剪边…

选择对象：找到 1 个

选择对象：找到 1 个，总计 2 个 //选择漏斗上下两条直线

选择对象：//按<Enter>键

选择要修剪的对象，或按住<Shift>键选择要延伸的对象，或 [投影(P)/边(E)/放弃(U)]：

选择要修剪的对象，或按住<Shift>键选择要延伸的对象，或 [投影(P)/边(E)/放弃(U)]：

//选择雨水管位于选择的两条直线之间的部分

选择要修剪的对象，或按住<Shift>键选择要延伸的对象，或 [投影(P)/边(E)/放弃(U)]：

//按<Enter>键

其他 3 个雨水管绘制方法类似，不再赘述。绘制完成柱子和雨水管后的立面图如图 6-20 所示。

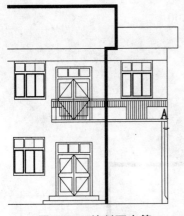

图 6-19 绘制雨水管

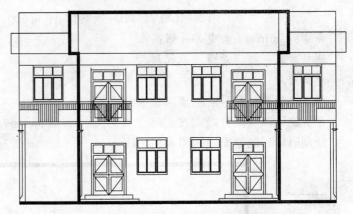

图 6-20 完成柱子和雨水管绘制的建筑立面图

9. 绘制两户之间的隔墙

由于连排别墅要保证业主的私人空间，所以两户之间要绘制隔墙。本例中利用"矩形"命令和"多线"命令来绘制隔墙。首先将当前图层设为"隔墙"层，然后创建"隔墙"多线样式，设置多线之间距离为 200。具体操作如下：

命令：_mline //绘制墙线

当前设置：对正 = 上，比例 = 1.00，样式 = 隔墙

指定起点或 [对正(J)/比例(S)/样式(ST)]：S

输入多线比例 <1.00>：

当前设置：对正 = 上，比例 = 1.00，样式 = 隔墙

指定起点或 [对正(J)/比例(S)/样式(ST)]：J

输入对正类型 [上(T)/无(Z)/下(B)] <上>：Z

当前设置：对正 = 无，比例 = 1.00，样式 = 隔墙

指定起点或 [对正(J)/比例(S)/样式(ST)]：//捕捉地坪线的中点

指定下一点：@0，1 800

指定下一点或 [放弃(U)]：//按<Enter>键

命令：_rectang

指定第一个角点或 [倒角(C)/标高(E)/圆角(F)/厚度(T)/宽度(W)]：from

基点：<偏移>：@−50，0 //选择左侧隔墙线上端点为基点

指定另一个角点或 [面积(A)/尺寸(D)/旋转(R)]：@300，200

命令：指定对角点：

命令：_rectang //绘制花台

指定第一个角点或 [倒角(C)/标高(E)/圆角(F)/厚度(T)/宽度(W)]：from

基点：<偏移>：@0，600 //选择左侧隔墙线下端点为基点

指定另一个角点或 [面积(A)/尺寸(D)/旋转(R)]：@−500，−600

命令：_rectang //绘制花台上沿

指定第一个角点或 [倒角(C)/标高(E)/圆角(F)/厚度(T)/宽度(W)]：from

基点：<偏移>：@−100，0 //选择花台矩形左上角点为基点

指定另一个角点或 [面积(A)/尺寸(D)/旋转(R)]：@600，100

命令：_mirror //生成另一侧花台

选择对象：指定对角点：找到 2 个

选择对象：

指定镜像线的第一点：指定镜像线的第二点：

是否删除源对象？[是（Y）/否（N）]：//按<Enter>键

绘制隔墙后的立面图如图 6-21 所示。

图 6-21　含有隔墙的立面图

10. 屋面装饰

在本例中，立面图装饰较少，主要是对屋顶上的瓦片进行"装饰"，具体操作如下：

（1）将当前图层设为"装饰"层，将图层的线型设置为 Continuous，线宽为默认。同时打开状态栏中的"对象捕捉"辅助工具，选择端点和中点对象捕捉方式。

（2）填充装饰材料。选择"绘图" / "图案填充"命令或者单击"绘制"工具栏中的"图案填充"按钮，弹出"图案填充和渐变色"对话框，如图 6-22 所示。

打开"图案填充"选项卡，单击"图案"下拉列表框右侧的 ... 按钮，弹出"填充图案选项板"对话框，在对话框中的"其他预定义"选项卡中选择 ANGLE 选项，单击"确定"按钮，回到"图案填充和渐变色"对话框。

单击"添加：选择对象"按钮 ，则回到绘图窗口，用户直接面对图形，选择需要填充的区域边界，注意边界一定要闭合，否则无法进行填充。用户可以选择一个或者多个闭合的区域进行填充，选择填充区域完毕后，按<Enter>键或者单击鼠标右键结束选择，则回到"图案填充和渐变色"对话框。用户可以单击此对话框左下角的"预览"按钮，查看填充的效果。如果满意，则单击"确定"按钮，完成图案填充；如果不满意，可以在"比例"下拉列表框中修改要填充图案的比例，本例为 15。

图 6-22   "图案填充和渐变色"对话框

绘制完成的立面图效果如图 6-23 所示。

图 6-23   绘制完成的立面图

11. 添加尺寸标注

立面图标注主要是为了标注建筑物的竖向标高，应该显示出各主要构件的位置和标高，例如室外地坪标高，女儿墙的标高，门窗洞的标高以及一些局部尺寸等。在需绘制详图之处，还需添加详图符号。与平面图的标注不同，立面图的标高标注无法利用 AutoCAD 所自带的标注功能来实现。

AutoCAD 没有自带立面图标高符号，因此用户需要自己绘制出标高符号，将其保存为图块，然后插入图中即可。根据我国的建筑规范，立面图的标高符号有统一的图例和标准，具体绘制步骤如下：

命令：_line 指定第一点：

指定下一点或 [放弃(U)]: @400, −400

指定下一点或 [放弃(U)]: @400, 400

指定下一点或 [放弃(U)]: @−2 000, 0

指定下一点或 [放弃(U)]: //按<Enter>键

立面图标高符号一般为等腰三角形、一条长直线、一条短直线和文字标注组成，短直线的长度没有具体限制，如图 6-24 所示。标高的文字标注通过"单行文字"命令可以实现，这里设置标高标注字高为 250。用户可以将标高符号保存为块，通常以三角形顶点作为插入基点。

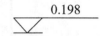

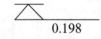

图 6-24 标高符号

在建筑立面图中，还需要标注出轴线符号，与建筑平面图相对应，从而表明立面图所在的范围。在本例中，要标明 4 条轴线编号，如图 6-25 所示。

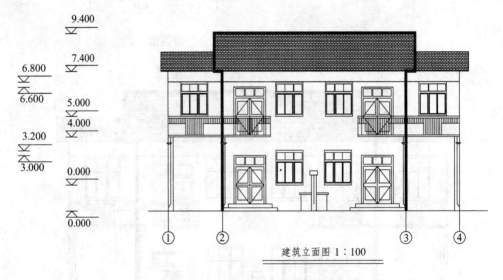

图 6-25 尺寸标注完毕的立面图

建筑立面图绘制完毕，本节主要介绍了建筑立面图的内容和绘图步骤，结合一栋连排别墅立面图实例，向用户具体介绍了如何使用 AutoCAD 绘制一幅完整的建筑立面图。通过本节的学习，用户应当对建筑立面图的设计过程和绘制方法有所了解，并能够熟练运用前面章节中所介绍的命令完成相应的操作。

本章小结

　　学习本章应着重理解建筑施工图中的平面图、立面图、剖面图和楼梯剖面图的绘制内容、绘制要求以及方法和步骤。一般按平面图→立面图→剖面图→详图的顺序来绘制建筑施工图。建筑施工图的一般绘图过程为：设置绘图环境或直接调用已设置好的模板、绘制轴线、绘制墙体、绘制门窗、细部绘制、尺寸与文字标注、标高等。

　　本章详细介绍了建筑立面图的绘制过程，读者应能按照前面所介绍的命令，完成相应操作。

思考与练习题

1. 建筑施工图主要由哪些部分组成？
2. 建筑立面图、建筑剖面图和建筑平面图在表达内容和方法上有什么相同和不同之处？
3. 总结绘制建筑立面图的方法，并练习绘制本章图 6-1。

第7章　道路工程图的绘制

■ 知识目标

掌握道路工程常用的各种图形的绘制方法和技巧。

■ 技能目标

熟练应用 AutoCAD 绘图软件解决实际工程绘图问题。

■ 学前导读

利用 AutoCAD 的命令绘制道路工程路线平面图、纵断面图、路面结构图和平面交叉图。准确快速地解决道路工程设计中遇到的道路桥梁专业设计软件不能解决的各种绘图问题。

7.1　概　述

绘制道路工程图时，必须先对道路工程图形进行总体布局，然后再根据各种路线设计图的要求进行组织。道路工程制图的要点主要包括图纸大小、比例尺、线条粗细、文字高度的选择和尺寸标注等。

7.1.1　比例尺

进行道路工程制图时，不同的比例尺对应不同的图形类型，一般情况下，地形图常用的比例尺为 1：5 000 和 1：2 000；路线平面图的比例尺为 1：2 000；纵断面图的比例尺水平方向为 1：2 000，竖直方向为 1：200；横断面图的比例尺为 1：200；特殊工点地形图可根据实际情况进行选择，如 1：500、1：1 000 等。

7.1.2　线条粗细

如果图形是按照给定的比例尺绘制的，且打印图形时采用 1：1 的比例出图，那么线条的粗细可以通过控制多段线的线宽或在图形输出时指定某一颜色的线宽来控制。从实用角度和打印的效果出发，采用第一种方法较好。

7.1.3　文字高度与格式的确定

在道路工程制图过程中，尺寸标注和文字注解都会涉及文字高度的设置问题。文字高度的确定最好是在图形已经按比例尺完成后确定，文字高度的定义要合适，不能忽大忽小，也不能喧宾夺主——文字和标注的高度定得太大，更不能把文字高度定得太小，以至于打印出的图样看不清注解。

在绘图前，要定义好尺寸标注、注解文字等的文字格式，这样在录入文字或进行标注时才可以保持文字格式的一致，避免大量的格式修改，保持图样上的文字格式前后一致、整齐划一。

7.1.4　《道路工程制图标准》规定的图框格式

根据道路工程所设计图样内容和性质的不同，可分为路线平面图、纵断面图、横断面图、路基路面结构图和特殊工点地形图。但其基本的图框均是以 A3 图纸为基础，按照一定的比例适当地进行加长或加宽而形成的。

提示：标题栏的尺寸与内容虽然有标准规定，但是并非强制的，只要不影响到绘图区的面积，都可以自行更改调整。

7.1.5　图框及标题栏的绘制

按照 GB 50162—1992（道路工程制图标准）的规定，道路工程制图一般采用 A3 图幅，如图 7-1 所示，下面以 A3 图幅为例说明图框的绘制方法。

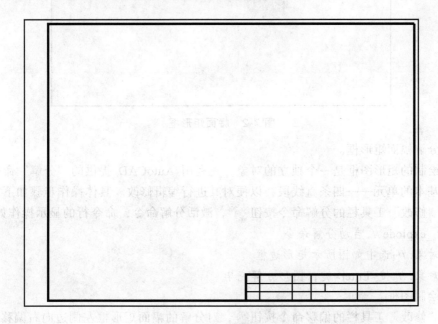

图 7-1　A3 图框

操作步骤：

（1）新建一个"无样板打开公制"文件，然后新建"粗实线"、"细实线"两个图层，并将"细实线"图层设置为当前层。

（2）打开"正交"和"对象捕捉"，并使用系统默认的对象捕捉参数。

（3）绘制幅面矩形框。

单击"绘图"工具栏的矩形命令按钮 ▭，启动矩形命令，命令行的显示操作如下：

命令：_rectang // 启动矩形命令

指定第一个角点或 [倒角(C)/标高(E)/圆角(F)/厚度(T)/宽度(W)]:// 移动鼠标光标在绘图区适当位置拾取一点作为矩形的第一个角点

指定另一个角点或 [面积(A)/尺寸(D)/旋转(R)]: // 输入"D"并按<Enter>键，切换到"尺寸"方式绘制矩形

指定矩形的长度 <594.0000>: // 输入矩形的长度"420"并按<Enter>键

指定矩形的宽度 <420.0000>: // 输入矩形的宽度"297"并按<Enter>键

指定另一个角点或 [面积(A)/尺寸(D)/旋转(R)]:// 在绘图区拾取一点，定位矩形的位置，绘制结果如图 7-2 所示

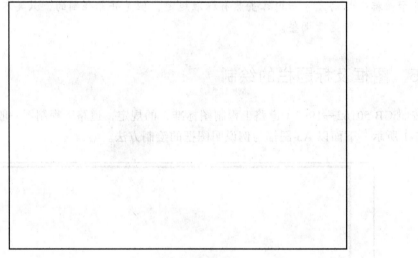

图 7-2　幅面矩形框

（4）分解幅面矩形框。

刚刚绘制的矩形图框是一个独立的对象，现利用 AutoCAD 提供的"分解"命令将其分解为更加基本的单元——四条直线段，以便对其进行编辑修改。具体操作步骤如下：

单击"修改"工具栏的分解命令按钮 ▨，激活分解命令，命令行的显示操作如下：

命令：_explode // 启动分解命令

选择对象:// 选中如图所示矩形边框

选择对象:// 按<Enter>键，图形分解完毕

（5）绘制图框。

单击"修改"工具栏的偏移命令按钮 ▱，对分解的幅面矩形框左侧边向右偏移 25 mm，命令行的显示操作如下：

命令：_offset // 启动偏移命令

当前设置：删除源=否　　图层=源　　OFFSETGAPTYPE=0

指定偏移距离或 [通过(T)/删除(E)/图层(L)] <通过>: // 输入偏移距离"25"并按<Enter>键

选择要偏移的对象，或 [退出(E)/放弃(U)] <退出>: // 选择如图 2-54 所示的矩形框左侧边

指定要偏移的那一侧上的点，或 [退出(E)/多个(M)/放弃(U)] <退出>: // 在上述左侧边右侧拾取一点

选择要偏移的对象，或 [退出(E)/放弃(U)] <退出>: // 按<Enter>键结束操作，绘制结果如图 7-3 所示

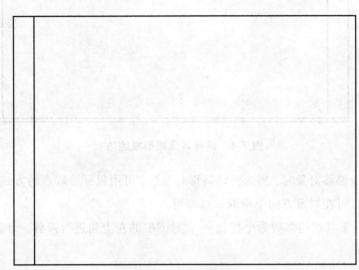

图 7-3　偏移左侧边

重复偏移命令，分别将矩形幅面框的其余三边向里（相对于矩形框）偏移 5 mm，命令行的显示操作如下：

命令：_offset

当前设置：删除源=否　　图层=源　　OFFSETGAPTYPE=0

指定偏移距离或 [通过(T)/删除(E)/图层(L)] <25.0000>: // 输入偏移距离"5"，并按<Enter>键

选择要偏移的对象，或 [退出(E)/放弃(U)] <退出>: // 选择如图 7-3 示矩形上侧边

指定要偏移的那一侧上的点，或 [退出(E)/多个(M)/放弃(U)] <退出>: // 在上侧边下面拾取一点

选择要偏移的对象，或 [退出(E)/放弃(U)] <退出>: // 选择矩形右侧边

指定要偏移的那一侧上的点，或 [退出(E)/多个(M)/放弃(U)] <退出>: // 在右侧边左侧拾取一点

选择要偏移的对象，或 [退出(E)/放弃(U)] <退出>: // 选择矩形下测边

指定要偏移的那一侧上的点，或 [退出(E)/多个(M)/放弃(U)] <退出>: // 在下侧边上面拾取一点

选择要偏移的对象，或 [退出(E)/放弃(U)] <退出>: // 按<Enter>键，结束操作，绘制结果如图 7-4 所示

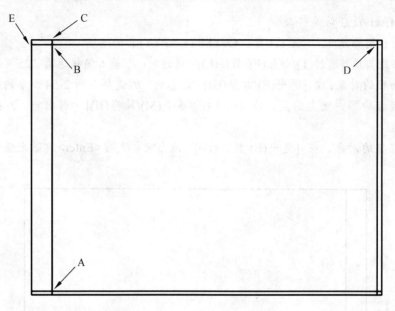

图7-4　偏移其余矩形框的边

利用偏移命令偏移对象时，当选择好偏移对象后，可用鼠标拾取点的方式确定偏移方向，向哪个方向偏移，可在对象方向上拾取一点即可。

单击"修改"工具栏的修剪命令按钮 ，对图框的左上角进行修剪，命令行的显示操作如下：

命令：_trim　//启动修剪命令

当前设置：投影=UCS，边=延伸

选择剪切边…

选择对象或 <全部选择>：　//选择如图7-4所示线段AC作为修剪边界

选择对象：　//选择如图7-4所示线段DE作为修剪边界

选择对象：　//按<Enter>键，结束边界选择

选择要修剪的对象，或按住 <Shift>键选择要延伸的对象，或[栏选(F)/窗交(C)/投影(P)/边(E)/删除(R)/放弃(U)]：　//选择修剪对象——线段BC

选择要修剪的对象，或按住<Shift>键选择要延伸的对象，或[栏选(F)/窗交(C)/投影(P)/边(E)/删除(R)/放弃(U)]：　//选择修剪对象——线段BE

选择要修剪的对象，或按住<Shift>键选择要延伸的对象，或[栏选(F)/窗交(C)/投影(P)/边(E)/删除(R)/放弃(U)]：　//按<Enter>键，结束操作

绘制完成后如图7-5所示。

图 7-5　修剪左上角

　　在上述修剪操作过程中，当修剪边界 DE 确定后，如在 DE 边的下侧选择 AC 边，则会将线段 AB 删除掉；如在 DE 边的上侧选择 AC 边，则会将线段 BC 删除掉。

　　重复修剪操作，仿照上述修剪步骤修剪矩形框的其余三个角，修剪后如图 7-6 所示。

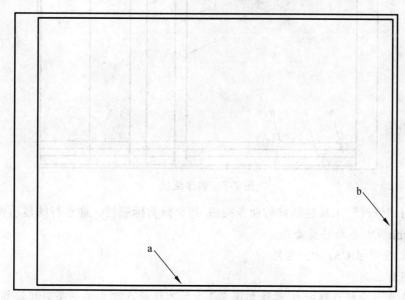

图 7-6　修剪其余角

　　（6）绘制标题栏。

　　单击"修改"工具栏的偏移命令按钮，对如图所示的 a 边进行偏移，命令行的显示操作如下：

命令：_offset　// 启动偏移命令

当前设置：删除源=否　　图层=源　　OFFSETGAPTYPE=0

指定偏移距离或 [通过(T)/删除(E)/图层(L)] <5.0000>：// 输入偏移距离"9"并按<Enter>键

选择要偏移的对象，或 [退出(E)/放弃(U)] <退出>： // 选择如图 2-58 所示的 a 边

指定要偏移的那一侧上的点，或 [退出(E)/多个(M)/放弃(U)] <退出>： // 在 a 边上侧拾取一点

选择要偏移的对象，或 [退出(E)/放弃(U)] <退出>： // 选择上一步偏移的直线

指定要偏移的那一侧上的点，或 [退出(E)/多个(M)/放弃(U)] <退出>:// 在上一步偏移的直线上侧拾取一点

选择要偏移的对象，或 [退出(E)/放弃(U)] <退出>： // 选择上一步偏移的直线

指定要偏移的那一侧上的点，或 [退出(E)/多个(M)/放弃(U)] <退出>:// 在上一步偏移的直线上侧拾取一点

选择要偏移的对象，或 [退出(E)/放弃(U)] <退出>: // 按<Enter>键，结束操作

重复偏移操作，对如图 7-6 所示的直线 b 分别向在偏移 60 mm、110 mm、130 mm、165 mm、180 mm。

绘制完成后如图 7-7 所示。

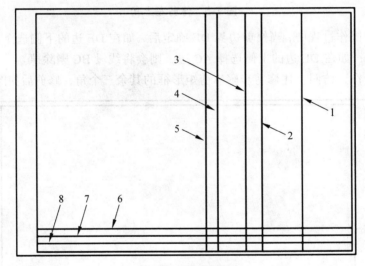

图 7-7　偏移结果

（7）单击"修改"工具栏的修剪命令按钮 -/--，修剪标题栏，命令行的显示操作如下：

命令：_trim　// 启动修剪命令

当前设置:投影=UCS，边=延伸

选择剪切边...

选择对象或 <全部选择>: // 选择如图 7-7 所示的线段 5 作为第一条剪切边界

选择对象：　// 选择如图 7-7 所示的线段 6 作为第二条剪切边界

选择对象：　// 按<Enter>键，结束剪切边界选择

选择要修剪的对象，或按住<Shift>键选择要延伸的对象，或[栏选(F)/窗交(C)/投影(P)/边(E)/删除(R)/放弃(U)]: // 窗交选择线段 1、2、3、4、5 的上端

选择要修剪的对象，或按住<Shift>键选择要延伸的对象，或[栏选(F)/窗交(C)/投影(P)/边(E)/删除(R)/放弃(U)]: //窗交选择线段 6、7、8 的左端

选择要修剪的对象，或按住<Shift>键选择要延伸的对象，或[栏选(F)/窗交(C)/投影(P)/边

(E)/删除(R)/放弃(U)]:　// 按<Enter>键，结束操作

修剪后的结果如图 7-8 所示。

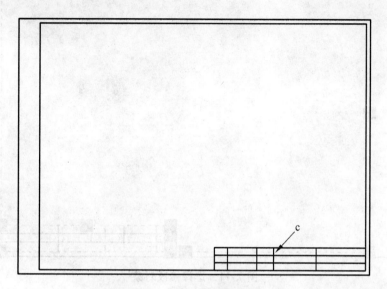

图 7-8　修剪偏移线结果

（8）单击"修改"工具栏的⌐按钮，将如图所示的线段 c 向右偏移 15 mm，如图 7-9 所示。

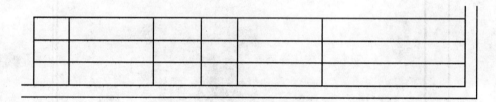

图 7-9　偏移线段 c

（9）单击"修改"工具栏的修剪命令按钮-/-修剪刚刚偏移的直线，修剪结果如图 7-10 所示。

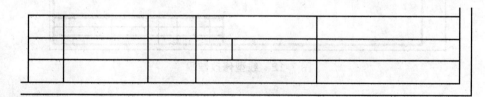

图 7-10　修剪刚刚偏移的直线

（10）将如图 7-11 所示已选中线段的图层修改为"粗实线"图层，修改结果如图 7-12 所示。

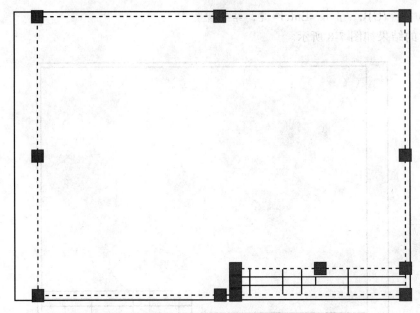

图 7-11　选择修改对象

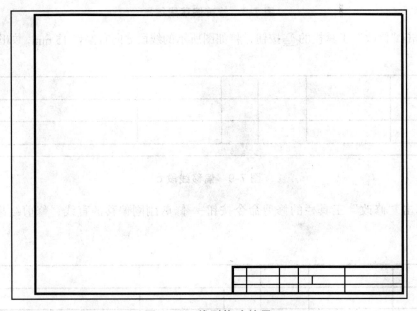

图 7-12　线型修改结果

7.1.6　建立样本图框样式

若每次绘图时，都采用相同的图框，则可以将所用的图框另存为一个"样本图形文件"，这样每次就可直调用此图框而不必重复绘制同样式的图框。AutoCAD 称这类图形文件为"样本图形文件"。"样本图形文件"的绘制步骤如下：

（1）进入 AutoCAD 2010 中，打开一新图形文件。

（2）按上述的建议，以实际尺寸将图框与标题栏绘出。

（3）使用 STYLE（指定使用何种字型）与 DTEXT（写字）命令写出标题栏内的文字内容。

（4）保存。当按步骤（1）～（3）画好一张 A3 图幅的图框并检查无误后，点取"文件（F），"下拉式菜单内的"另存为（A）"选项，将弹出如图 7-13 所示的对话框。

图 7-13　"图形另存为"对话框一

在 AutoCAD 2010 中，所有的"样本图形文件"都被放在"Program Files/AutoCAD2010/Template"文件夹（即目录区）内。双击"Template"文件夹，将弹出如图 7-14 所示的对话框。

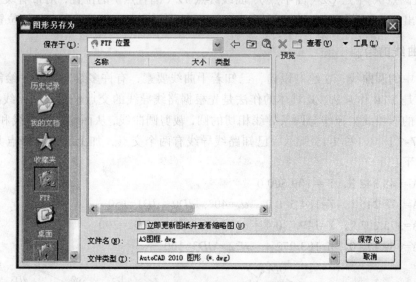

图 7-14　"图形另存为"对话框二

在 AutoCAD 2010 中，所有的"样本图形文件"的后缀名都是.dwt。点取图 7-14 中的"文件类型（T）"文本框后的下拉按钮，并选取"AutoCAD 图形样板（*.dwt）"选项，再在"文件名（N）"文本框中输入样本图形文件的文件名，如"A3 图框"，最后再点取"保存（S）"按钮即可建立一个名为"A3 图框.dwt"的"样本图形文件"。

提示：在实际工作中，为方便绘图，可将不同的样板图框绘制好，将这些样板图框复制到"Program Files/AutoCAD 2010/Template"文件夹内，即可在后面使用时直接调用这些样板图。

7.2 道路平面图的绘制

路线平面图是绘有公路中线的地形图。通过它可以反映出路线的方位、平面线型(直线和左、右弯道)、沿路线两侧一定范围内的地形、地物与路线的相互关系以及结构物的平面位置。

公路路线在平面上是由一系列的直线段和曲线段组成。

7.2.1 平曲线的绘制

路线的平面线型有直线和曲线。而曲线又包含圆曲线和缓和曲线。对于曲线型路线的公路转弯处，在平面图中是用交点 JD 来表示，并沿前进方向按顺序将交点编号，如图 7-15 所示，JD_1 表示第 1 号交点。α 为偏角(α_z 为左偏角、α_y 为右偏角)，它是沿路线前进方向，向左或向右偏转的角度。还有圆曲线设计半径 R、切线长 T、曲线长 L、外矢距 E 以及设有缓和曲线段路线的缓和曲线长 L_s 都可在路线平面图中图 7-15 查得。路线平面图中对圆曲线还需标出曲线起点 ZY(直圆点)、中点 QZ(曲中点)、曲线终点 YZ(圆直点)的位置，对带有缓和曲线段的路线则需标出 ZH(直缓点)、HY(缓圆点)和 YH(圆缓点)、HZ(缓直点)的位置。

1. 圆曲线的绘制

平曲线中的圆曲线，在绘制以前，已知若干曲线要素，有许多绘制方法、绘制的效果和效率最高的是 TTR 作圆法。其具体的作法是先根据路线导线的交点坐标绘制路线导线，然后根据各交点的圆曲线半径作与两条导线相切的圆，裁剪圆曲线，从而得到圆曲线和路线设线。

【实例 7-1】 如图 7-15 所示，已知路线导线有两个交点，加上起点和终点共有四个顶点，数据如下：

$JD0$：$X==48.342\ 3$，$Y==109.500\ 0$

$JD1$：$X=178.246\ 1$，$Y=184.500\ 0$，$\alpha_1=40°$，$JD0 \sim JD1=150$

$JD2$：$X=375.207\ 7$，$Y=149.770\ 4$，$\alpha_2=30°$，$JD1 \sim JD2=200$

$JD3$：$X=469.177\ 0$，$Y=183.972\ 4$，$JD2 \sim JD3=100$

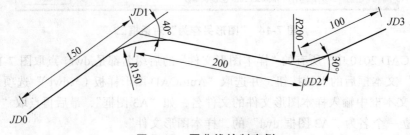

图 7-15 圆曲线绘制实例

绘制步骤如下：

（1）用多段线命令 PLINE 连续绘制 *JD*0 ~ *JD*3，如图 7-16 所示。

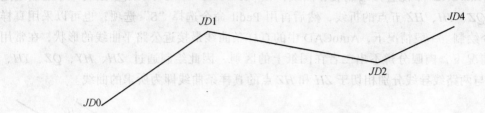

图 7-16　多段线绘制路线导线

（2）绘制圆曲线及修剪绘制的相切圆。

命令：C↙（输入画圆命令）

指定圆的圆心或[三点(3P)/两点(2P)/相切、相切、半径（T）]：T↙

指定对象与圆的第一个切点：（鼠标左键点取 *JD*0—*JD*1 的连线）

指定对象与圆的第二个切点：（鼠标左键点取 *JD*1—*JD*2 的连线）

指定圆的半径：150↙（输入圆半径 150）

命令：↙（按<Enter>键继续执行画圆命令）

CIRCLE 指定圆的圆心或[三点（3P）/两点（2P）/相切、相切、半径（T）]：T↙

指定对象与圆的第一个切点：（鼠标左键点取 *JD*1—*JD*2 的连线）

指定对象与圆的第二个切点：（鼠标左键点取 *JD*2—*JD*3 的连线）

指定圆半径<150 . 0000>：200↙（输入圆半径 200）

裁剪按（1）、（2）步骤绘制的圆，结果如图 7-17 所示。

命令：TRIM↙（输入裁剪命令）

当前设置：（投影=UCS，边=无）（鼠标左键点取导线作为裁剪线）

选择剪切边…

选择对象：找到 1 个（显示选中 1 个实体）

选择对象：↙

选择要剪切的对象/项目(P)/边(E)/放弃(U)：（鼠标左键点取第一个圆的下部圆周）

选择要剪切的对象/项目(P)/边(E)/放弃(U)：（鼠标左键点取第二个圆的上部圆周）

选择要剪切的对象/项目(P)/边(E)/放弃(U)：↙（按<Enter>键结束）

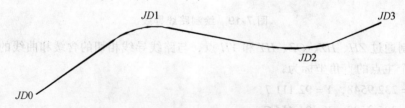

图 7-17　用作圆法绘制导线间的圆曲线

2. 缓和曲线的绘制

【实例 7-2】　一条如图 7-18 所示的公路平曲线，偏角为左偏 $\alpha = 30°47'28''$，缓和曲线长 $L_s = 53$，切线长 $T = 81.32$，外距 $E = 8.00$，圆曲线半径 $R = 198.51$，中间圆曲线长 $L_y = 53.68$，

平曲线总长 L = 159.68，试绘制该曲线。

由于 AutoCAD 不能直接绘制缓和曲线，在 AutoCAD 中既可以用多段线命令绘制通过 ZH、HY、QZ、YH、HZ 五点的折线，然后再用 Pedit 命令选择"S"选项；也可以采用真样条曲线命令绘制。一般情况下，AutoCAD 中的真样条曲线最接近公路平曲线的形状，在常用比例尺的情况下，肉眼分辨不出二者在图纸上的区别，因此绘制通过 ZH、HY、QZ、YH、HZ 五点并与两路线导线分别相切于 ZH 和 HZ 点的真样条曲线即为所求的曲线。

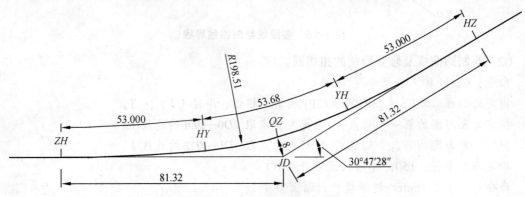

图 7-18　缓和曲线的绘制

绘制步骤如下：

（1）绘制路线导线。利用 Pline 命令绘制 12、23 直线，各点的对应坐标（以下数据仅供练习参考）为：

1：$X1$=213.774 8，$Y1$=92.111 7

2：$X2$=313.774 8，$Y2$=92.111 7

3：$X3$=399.678 7，$Y3$=143.302 6

绘制结果如图 7-19 所示。

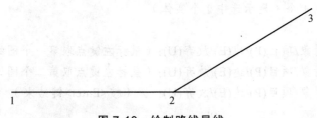

图 7-19　绘制路线导线

（2）绘制通过 ZH、HZ、QZ、HY 和 YH 点，与路线导线相切的含缓和曲线的平曲线。通过计算，五个主点的直角坐标为：

ZH：X = 232.9548，Y = 92.111 7

HY：X = 285.3608，Y = 94.466 7

QZ：X = 311.8101，Y = 99.237 1

YH：X = 336.9780，Y = 108.680 1

HZ：X = 383.6319，Y = 133.740 1

利用样条曲线命令 Spline 绘制含缓和曲线的平曲线，如图 7-20 所示。

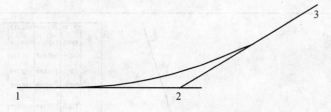

图 7-20　绘制 ZH、HZ、QZ、HY 和 YH 点的平曲线

命令：SPLINE ✓（启动样条曲线命令）

指定第一个点或[对象(0)]：<对象捕捉关>：232.954 8，92.111 7✓（通过 ZH）

指定下一点：285.360 8，94.466 7✓（通过 HY）

指定下一点或[闭合(C)/拟合公差(F)]<起点切向>：311.810 1，99.237 1/(通过 QZ)

指定下一点或[闭合(C)/拟合公差(F)]<起点切向>：336.970 8，108.680 1✓（通过 YH）

指定下一点或[闭合(C)/拟合公差(F)]<起点切向>：383.631 9，133.740 1✓（通过 HZ）

指定下一点或[闭合(C)/拟合公差(F)]<起点切向>：✓（选择输入切点的模式）

指定起点切向：231.954 8，92.111 7✓（输入起点切点）

指定端点切向：383.631 9，133.740 1✓（输入终点切线）

（3）绘制五个特征点的位置线并标注各点文字、标注曲线要素。此部分可留给读者完成，结果应如图 7-18 所示。

7.3　路线纵断面图的绘制

7.3.1　绘制路线纵断面图

路线纵断面图（见图 7-21）的绘制步骤如下：

（1）绘制图框、底部标题栏、右上角角标。

（2）绘制纵断面图标题栏。

（3）逐项填写纵断面图标题栏的内容。

（4）绘制标尺，并填写绘图比例。

（5）绘制纵断地面线。

（6）绘制纵断面设计线。

（7）绘制竖曲线及其标注。

（8）标注水准点、桥涵构造物等。

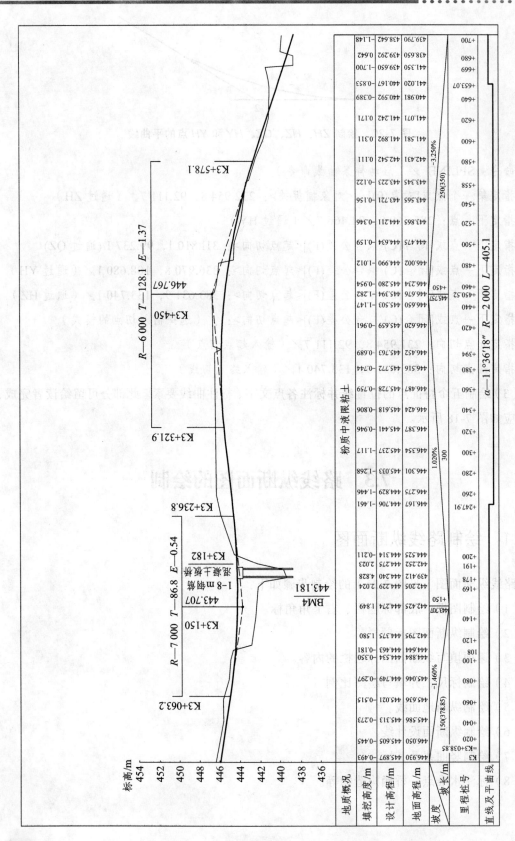

图 7-21 纵断面图

7.3.2　绘图要点

绘制公路纵断面图的要点如下：

（1）绘图时设计好比例尺（一般里程方向 1∶2 000，高程方向 1∶200）。

（2）绘制纵断面图标题栏时，要注意各栏高度应以填写项所占尺寸为准。

（3）逐项填写纵断面图标题栏的内容时，一般先填写一行内容，可采用阵列方法或平行拷贝方法复制该行到其他行，再采用 Ddedit 命令逐个修改数值，这样不但文字格式统一，而且便于对齐控制。

（4）标尺采用多段线绘制（宽度为 1 个单位），先绘制两节，然后用阵列方法制作其他部分。

（5）以相对坐标方式，采用多段线绘制（宽度为 0 个单位）纵断地面线，要注意标尺的起始刻度和比例变换。

（6）纵断面设计线可以参照地面线的方法绘制，线宽采用 0.5 个单位。

（7）竖曲线绘制采用三点圆弧绘制，三点依次是竖曲线起点、变坡点位置设计标高处、竖曲线终点。

（8）标注水准点、桥涵构造物时要注意其与桩号的对应，标注圆管涵、箱涵、盖板涵时，最好先绘制好标准符号并定义为图块，利用图块插入命令绘制，以提高绘制效率。

7.4　路基路面工程图及排水防护工程图

在道路工程设计图中，需绘制各种不同的路基路面工程图。下面将采用不同的绘图命令和绘图方法来绘制路基横断面图沥青路面结构图、水泥混凝土路面施工缝图。

7.4.1　路基工程图的绘制

1. 绘制道路路基横断面图

路基横断面图是在路线中心桩处作一垂直于路线中心线的断面图。

路基横断面图的作用是表达各中心桩处横向地面起伏、设计路基横断面情况，以及两者间的相互关系。工程上要求在每一中心桩处，根据测量资料和设计要求顺次画出每一个路基横断面图，用来计算公路的土石方量和作为路基施工的依据。

2. 路基横断面图的基本形式

（1）填方路基

即路堤，如图 7-22（a）所示，在图下注有该断面的里程桩号，右侧注有中心线处的填方高度 h_T（m）以及该断面的填方面积 A_T（m^2）。

（2）挖方路基

即路堑，如图 7-22（b）所示，在图下注有该断面的里程桩号，右侧注有中心线处挖方

高度 h_W （m）以及该断面的挖方面积 A_W（m²）。

（3）半填半挖路基

此种路基是前两种路基的综合，如图 7-22（c）所示，在图下仍注有该断面的里程桩号，右侧注有中心线处的填(或挖)方高度 h_T 以及该断面的填方面积 A_T 和挖方面积 A_W。

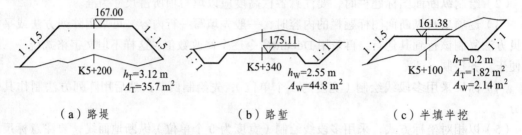

（a）路堤 （b）路堑 （c）半填半挖

图 7-22　路基横断面图的基本形式

【**实例 7-3**】　绘制如图 7-22 所示的填方路基横断面图。

绘制路基横断面图的操作步骤如下：

（1）确定公路中桩的位置，用多段线命令绘制横断面中心轴线（线条特性选择为点划线）。

（2）选用多段线命令绘制地面线及地面线表示符号。

（3）根据路基的填挖高度值和路基的左右宽度值绘制路基横断面帽子。

7.4.2　路面结构图的绘制

公路设计所用的路面主要有两类，一类是沥青类路面，另一类则是水泥混凝土路面。下面以沥青路面结构图和水泥混凝土路面施工缝构造图为例说明公路路面结构图的绘制方法与过程。

1. 沥青路面结构图

绘制沥青路面结构图时，可先用多段线命令绘制结构分割线，然后用图案填充命令选择适当的填充图，最后用单行文字标注完成文字的标注，如图 7-23 所示。

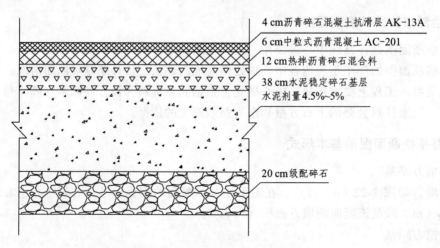

4 cm沥青碎石混凝土抗滑层 AK-13A
6 cm中粒式沥青混凝土 AC-201
12 cm热拌沥青碎石混合料
38 cm水泥稳定碎石基层
水泥剂量4.5%~5%
20 cm级配碎石

图 7-23　沥青路面结构示意图

2. 水泥混凝土路面结构图

（1）图 7-24 所示为水泥混凝土路面横向施工缝构造图，使用 Pline 或 Line 命令绘制水泥混凝土的上下分界线及填缝料。

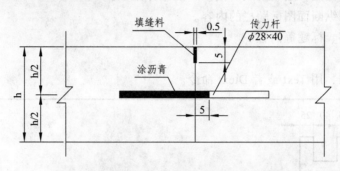

图 7-24　水泥混凝土路面横向施工缝构造图

（2）绘制折断线。先用 Line 命令在上下边界左端绘制一段直线，长出部分要对称于上下边界。然后继续用 Line 命令在刚才绘制的直线中点处绘制大小恰当的锯齿线，锯齿线要绘制的长一些，利用修剪命令剪去多余的部分，即可得到图 7-24 左侧的折断线。

利用镜像命令，以路面上下边界线中点为对称轴完成图 7-24 右侧的折断线的绘制。

（3）绘制横向施工缝部位设置的钢筋及涂沥青部位。用 Line 命令绘制施工缝（直线端点为路面上下边界线的中点），然后用矩形命令以施工缝并且填充施工缝。

（4）用标注尺寸命令标注图中所示的尺寸。

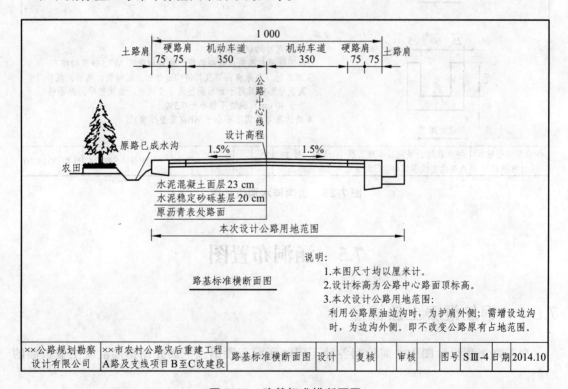

图 7-25　路基标准横断面图

3. 排水防护工程图

（1）绘制图框、底部标题栏。

（2）绘制横断面图，运用直线、偏移、镜像等命令。

（3）逐项填写纵断面图标题栏的内容。

（4）完善标高、标题等内容。

（5）标注。

（6）完善说明，用 Text 或者 Dtext 命令。

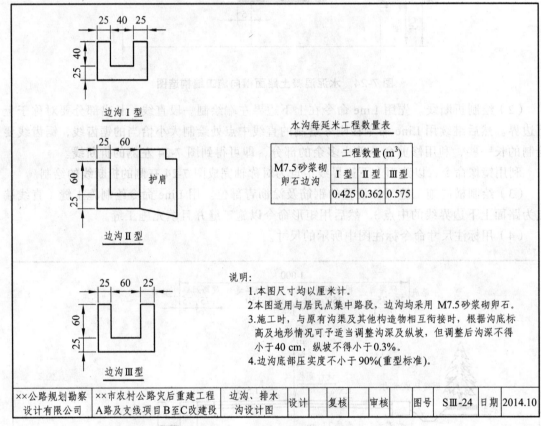

水沟每延米工程数量表

M7.5砂浆砌卵石边沟	工程数量(m³)		
	Ⅰ 型	Ⅱ 型	Ⅲ 型
	0.425	0.362	0.575

说明：
1.本图尺寸均以厘米计。
2.本图适用与居民点集中路段，边沟均采用 M7.5砂浆砌卵石。
3.施工时，与原有沟渠及其他构造物相互衔接时，根据沟底标高及地形情况可予适当调整沟深及纵坡，但调整后沟深不得小于40 cm，纵坡不得小于0.3%。
4.边沟底部压实度不小于90%(重型标准)。

| ××公路规划勘察设计有限公司 | ××市农村公路灾后重建工程A路及支线项目B至C改建段 | 边沟、排水沟设计图 | 设计 | | 复核 | | 审核 | | 图号 | SⅢ-24 | 日期 | 2014.10 |

图 7-26　边沟排水沟设计图

7.5　涵洞布置图

7.5.1　钢筋混凝土盖板涵

在道路工程设计图中，需绘制各种不同的涵洞布置图。下面介绍钢筋混凝土盖板涵的绘制。

钢筋混凝土盖板涵布置图在投影图表达时，采用纵剖面图、平面图及涵洞洞门正立面作为侧面图，再配以必要的洞身及洞口翼墙断面图来表示。各部分所用材料在图中均可表达出来。

1. 纵剖面图

如是明涵，路基宽就是盖板的长度。图中应详尽表示出涵洞各细部在长度方向的尺寸，同时也表示出路面横坡，以及八字翼墙和其与洞身的连接关系，进水口涵底的标高，出水口涵底的标高，洞底铺砌厚，截水墙深，涵台基础地基处理层，以及原地面线。为表达更清楚，在洞身位置还应剖切，画出断面图。

2. 平面图

平面图与纵剖面图对应，画出路肩边缘线及示坡线。由于只突出表示涵洞部分，故采用折断线截去涵洞两侧适当位置以外的路基部分。图上表示出涵洞中心桩号，涵台台身宽，因其水平投影被路堤遮挡画成虚线；台身基础宽，同样也为虚线。平面图中应清晰表示出进出水洞口的八字翼墙及其基础的投影形状及尺寸。为方便施工，对八字翼墙应进行剖切，画出断面图，以便放样或制作模板。

3. 侧面图

侧面图即是洞口正面图，表达了洞高和净跨径，同时表示出缘石、盖板、八字翼墙、基础等的相对位置和它们的侧面形状。图中地面线以下不可见轮廓线用虚线画出。图中还应表达出行车道板一般构造图及钢筋布置图，并列出全涵工程数量表。

7.5.2　路线纵断面图的绘制

路线纵断面图（见图 7-27）的绘制步骤如下：
（1）绘制图框、底部标题栏。
（2）绘制立面图、平面图、断面图和剖面图，运用直线、偏移、镜像等命令。
（3）逐项填写纵断面图标题栏的内容。
（4）完善标高、标题等内容。
（5）标注。
（6）完善说明，用 Text 或者 Dtext 命令。

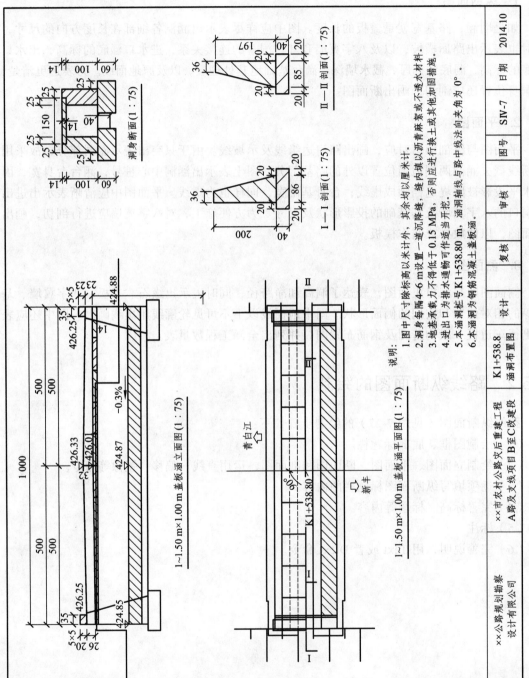

说明:
1. 图中尺寸除标高以米计外, 其余均以厘米计。
2. 洞身每隔 4~6 m 设置一道沉降缝, 缝内填以沥青麻絮或其他不透水材料。
3. 地基承载力不得低于 0.15 MPa, 否则应进行换土或其他加固措施。
4. 进出口处排水通畅可作适当开挖。
5. 本涵洞定号 K1+538.80 m, 涵洞轴线与路中线法向夹角为 0°。
6. 本涵洞为钢筋混凝土盖板涵。

| ××市公路规划勘察
设计有限公司 | ××市农村公路灾后重建工程
A路及支线项目B至C改建段 | K1+538.8
涵洞布置图 | 设计 | | 复核 | | 审核 | | 图号 | SIV-7 | 日期 | 2014.10 |

图 7-27 涵洞布置图

本章小结

　　本章介绍了道路工程图的总体构图的习惯做法和有关规定，介绍了路线平面图、纵断面图的绘制方法，介绍了路基路面工程图及钢筋混凝土盖板涵的绘制方法。

思考与练习题

　　1. 道路绘图的前期准备需要考虑哪些问题？
　　2. 绘制图 7-25 所示的路基标准横断面图，图 7-27 所示的涵洞布置图。

第8章 桥梁工程图的绘制

知识目标

- 掌握各种绘图、修改命令在桥梁工程绘图中的应用。
- 掌握尺寸标注在桥梁工程绘图中的应用。
- 掌握高程标尺、图框的绘制以及图形的后期处理。

技能目标

通过一个连续刚构桥桥型布置图（见图8-1）的绘制，要实现以下能力目标：

- 熟悉桥梁工程绘图的基本思路。
- 加深对之前章节绘图内容的理解。

学前导读

前面的章节我们已经把绘图的基本知识学完，已经具备了绘制专业工程图的知识，本章以一个连续刚构桥桥型布置图为例，希望同学们能够将学过的内容复习一遍，并且了解桥梁工程绘图的基本思路。

8.1 绘图的前期准备

在绘图之前，对要画的图要有一个清楚的认识，能知道其基本的形态。当然，如果有现成的图纸，就首先读图，看明白图里各部分的含义和联系。这一步在绘图中非常重要，而且有助于提高绘图效率以及加快绘图速度。

比例的问题，在CAD绘图中有两个比例需要考虑，一个是绘图比例，另一个是出图比例。如果在绘图的时候不采用1∶1的绘图比例，每画一条线都要先换算是很麻烦的一件事，一般情况下我们采用1∶1的比例绘图，然后在出图的时候再设置一个出图比例，出图比例要根据要打印的图纸大小而定，不过此时要特别注意标注中尺寸数值大小的变化。

然后要考虑定坐标原点，尽量方便绘图，将坐标原点放置于绘图的关键部位，接着需要思考好从哪里开始画、各部分的画法以及图层的设置情况等信息，然后就可以打开AutoCAD开始绘图了。

本章采用1∶1绘图，首先绘制一半桥型，由于桥型布置图左右对称，然后通过镜像的方式来完成整个桥型的绘制。最后采用缩放的方式来符合用A3图纸图框的尺寸要求，最后用按比例出图方式进行打印出图。

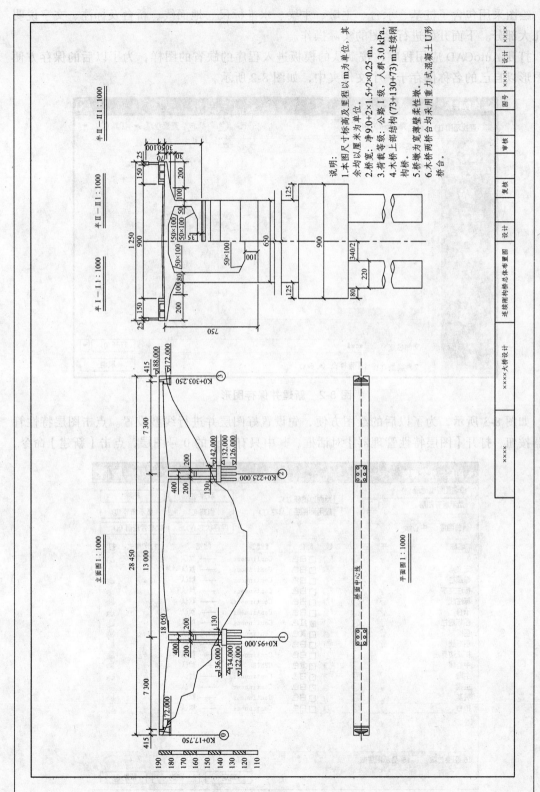

图 8-1 连续刚构桥桥型布置图图例

绘图采用包含了桩基、承台、主墩、主梁、水准标尺、地面线、桥台及标注、文字说明等几大部分。下面开始进行绘图的实际操作。

打开 AutoCAD 应用程序，按默认的模板进入程序的缺省的图样，为了以后的保存方便将图形以自己的名称保存于一个文件夹中，如图 8-2 所示。

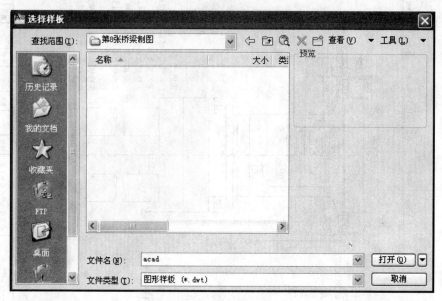

图 8-2　新建并保存图形

如图 8-3 所示，为了以后的绘图方便，先设置好图层并进行线型设置。点击图层特性管理器按钮，打开【图层特性管理器】对话框，其中只有默认的 0 号图层，点击【新建】命令，

图 8-3　图层设置

在其中的名称栏中输入名称，根据需要可建立桩基、承台、主墩、桥台、主梁、标注文字、标注线、中心线、图标题栏、图框线、图纸边界线等几个图层。其中，将【中心线】图层的线型修改为【CENTER]线型，颜色设置为黄色；将【标注线】的图层颜色设置为绿色；将【图标题栏】图层颜色设置为红色；将【图框线】图层颜色设置为蓝色；将【图层边界线】图层颜色设置为绿色；将【斜拉索】图层的颜色改为红色。

8.2　绘制主梁

设置好图层以后，就可以开始绘图了。根据图形的特点，先绘制左半桥的主梁，将坐标原点放在桥面中心线与桥面线的交点 O 处。以顺桥向为 X 轴，竖向为 Y 轴，以米（m）为单位进行绘图。

首先用直线命令绘制桥梁的中心线，采用"动态输入"的命令流如下：

命令：Line

指定第一点：0,80（指定中心线上界）

指定下一点或[放弃（U）]：0,0（中心线与主梁顶部线的交点）

指定下一点或[放弃（U）]：0，−80（指定中心线下界，中心线拟长度为 160 m）

指定下一点或[闭合（C）/放弃（U）]：（回车确认绘制完成）

绘制完直线后，将直线定义为【中心线】图层，方法为：选中绘制好的直线，在图层工具栏的下拉框中选中【中心线】层即可。完成后的图形如图 8-4 所示。

绘制主梁的桥面线，首先绘制半中跨线，后绘制边跨的部分。命令流及说明如下：

命令：Line

指定第一点：（点击坐标原点 0）

指定下一点或[放弃（U）]：−65，0（指定桥墩中心位置）

图 8-4　中心线的绘制

指定下一点或[放弃（U）]：（回车确认）

命令：Line

指定第一点：−65，0（桥墩中心位置）

指定下一点或[放弃(U)]：−138,0（左边跨主梁截断线位置）

指定下一点或[放弃(U)]：（回车确认）

绘制后图形如图 8-5 所示。

绘制主梁的底面线及桥墩中心线，采用偏移命令 Offset，因为桥墩处梁高为 7.5 m，设置偏移为 7.5 m，先将主梁部分进行偏移。命令流及说明如下：

命令：Offset

指定偏移距离或[通过（T）]<通过>：7.5

选择要偏移的对象或<退出>：（选择主梁上顶面线）

图 8-5　主梁顶面线的绘制

指定点以确定偏移所在一侧：（在该直线的下部点击）

选择要偏移的对象或<退出>：（回车确认）

指定偏移距离或[通过（T）]<通过>：65

命令：Offset

选择要偏移的对象或<退出>：（选择桥梁中心线）

指定点以确定偏移所在一侧：（在该直线的左侧点击）

选择要偏移的对象或<退出>：（回车确认）

完成以上步骤后绘制的图形如图8-6所示。

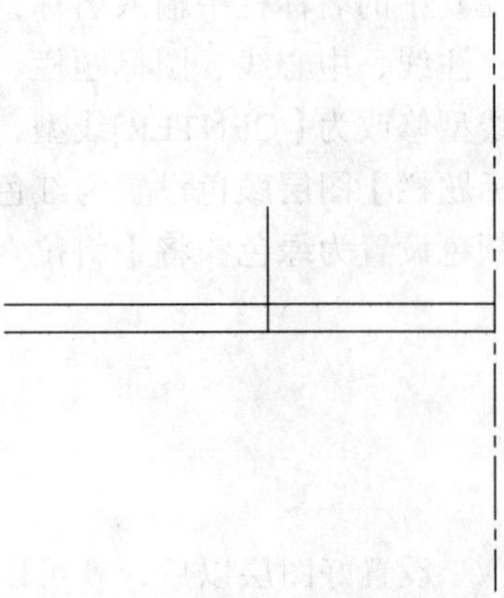

采用剪切命令Trim绘制桥墩顶面线及采用绘制圆形命

令Circle绘制辅助线。命令流及说明如下：

图8-6 绘制主梁下底板边线

命令：Circle

指定圆的圆心或 [3P(三点)(3P)/2P(两点)(2P)/相切、相切、半径(T)]：－65，－7.5（指定桥墩顶面中心点为圆心）

指定圆的半径或[直径(D)]< >:4（因为桥墩顶宽8 m，故绘制半径4 m的圆）

命令：Trim

选择对象：（鼠标点击刚绘制的圆并回车确认）

选择要修剪的对象，或按住<Shift>键选择要延伸的对象，或 [投影(P)/边(E)/放弃(U)]：（鼠标点击圆弧以外两侧的线并回车确认）

删除圆

完成以上步骤后绘制的图形如图8-7所示。

采用剪切命令Arc绘制主梁底面线（圆弧线）。首先用命令Line绘制出主梁端线，主梁起始端梁高3 m。结果如图8-8所示。

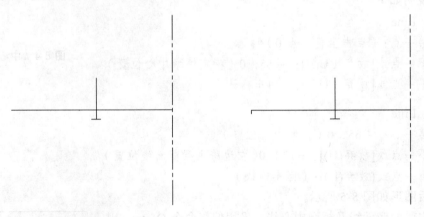

图8-7 绘制桥墩顶面线   图8-8 绘制主梁端线

命令流及说明如下：

命令：Arc

Arc 指定圆弧的起点或 [圆心(C)]：－138.0，－3.0(选择第一点)

指定圆弧的第二个点或 [圆心(C)/端点(E)]：E（选择端点选项）

指定圆弧的端点：—138.0，—3.0(选择端点)

指定圆弧的圆心或 [角度(A)/方向(D)/半径(R)]：D (选择方向选项)

指定圆弧的起点切向:(鼠标点击主梁上方)

完成以上步骤后绘制的图形如图 8-9 所示。

采用相同方式绘制跨中主梁底面线（跨中梁高 3 m），如图 8-10 所示。

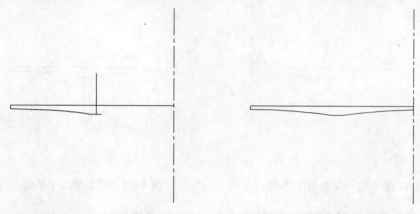

图 8-9　绘制主梁底面线　　　　　　　图 8-10　绘制跨中主梁底面线

完成整半个桥主梁的绘制后，将该部分的线段都设置为【主梁】图层，颜色以及属性按默认的随层。

8.3　绘制桥墩及基础

下面开始桥墩的绘制，考虑采用先绘制单根桥墩，再采用 Mirror 命令完成整个桥墩的绘制。先进行单个桩柱的绘制，命令如下：

命令：Line

指定第一点：From

基点：End

于（指定基点为边跨底面线的右下角）

<偏移>：@0，0（绘制桥墩的上起点位置）

指定下一点或[放弃(U)]：@2，0（指定桥墩右上端点位置）

指定下一点或[放弃(U)]：@0，—42.5（指定桥墩右下端点位置）

指定下一点或[放弃(U)]：@—2，0（指定桥墩左下端点位置）

指定下一点或[放弃(U)]：C（闭合，单个桥墩绘制完成）

完成以上步骤后绘制的图形如图 8-11 所示。

命令：Mirror

选择对象:(选择桥墩并回车确定)

指定镜像第一点：—65，—7.5

指定镜像第二点：—65，0

是否删除源对象？[是(Y)/否(N)] <N>: N（不删除第一个桥墩）

绘制完桥墩后，将桥墩定义为【主墩】图层。

完成以上步骤后绘制的图形如图 8-12 所示。

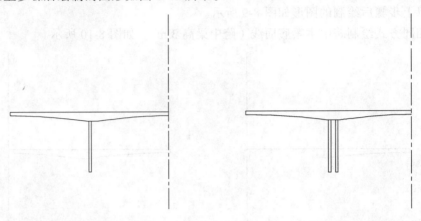

图 8-11　绘制单个桥墩　　　　　　　　图 8-12　镜像第二个桥墩

下面进行承台的绘制，采用矩形绘制命令，命令流及说明如下：

命令：Rectang

指定第一个角点或[倒角(C)/标高(E)/圆角(F)/厚度(T)/宽度(W)]：From

基点：End

于（指定基点为桥墩的左下角点）

<偏移>：@−2.5，0

指定另一个角点或[尺寸（D）]：@13，−4

绘制完承台后，将桥墩定义为【承台】图层。

绘制完成后的承台图形如图 8-13 所示。

下面开始桩柱的绘制，考虑采用先绘制单根桩柱，再采用阵列命令完成整个桩柱的绘制。先进行单个桩柱的绘制，命令及说明如下：

命令：Line

指定第一点：From

基点：End

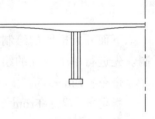

图 8-13　绘制承台

于（指定基点为承台的左下角）

<偏移>：@0.8，0（绘制桩柱的上起点位置）

指定下一点或[放弃（U）]：@2.2，0（指定桩柱右上端点位置）

指定下一点或[放弃（U）]：@0，−12（指定桩柱右下端点位置）

指定下一点或[放弃（U）]：@−2.2，0（指定桩柱左下端点位置）

指定下一点或[放弃（U）]：C（闭合）

以上就已完成单个桩柱的绘制，再进行阵列 Array 命令，完成这个塔柱的四个桩柱的绘制，过程如下：

激活 Array 命令，弹出【阵列】对话框，如图 8-14 所示。

点击对话框右侧的【选择对象】按钮，在屏幕上框选前面绘制完成的单个桩柱，返回对话框，设置其中的参数值如图 8-14 所示，点击【确定】按钮，完成阵列命令。

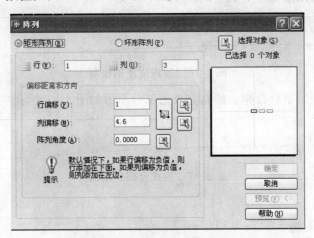

图 8-14　【阵列】对话框

绘制完桩基后，将桩基定义为【桩基】图层。

完成后的图形如图 8-15 所示。

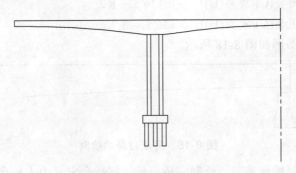

图 8-15　完成桩基的绘制

8.4　绘制桥台

绘制完以上的图形后，就可以进行桥台的绘制，此时为方便绘图，就需要将桥台处的主梁局部位置放大，考虑桥台形态，多采用矩形与直线命令绘制各部分。

先绘制支座，使用矩形命令，以桥台处主梁的下底面进行绘图（支座中心距梁边线为 750 mm）：

命令：Rectang

指定第一个角点或[倒角(C)/标高(E)/圆角(F)/厚度(T)/宽度(W)]：From

基点：End

于（指定主梁的左下底面端点）

<偏移>：@0.45，0（指定支座上左对角点）

指定另一个角点或[尺寸（D）]：@0.6，−0.2 （指定支座下右对角点）

绘制完成的局部图形如图 8-16 所示。

图 8-16　完成支座的绘制

再用矩形命令绘制桥台台帽，绘制完成的部分图形如图 8-17 所示。

图 8-17　完成台帽的绘制

命令：Line

命令：Line 指定第一点：−0.138，−0.2

指定下一点或 [放弃(U)]：−0.138,0

指定下一点或 [放弃(U)]：−0.142 25,0

指定下一点或 [闭合(C)/放弃(U)]：−0.142 25,−8.2

指定下一点或 [闭合(C)/放弃(U)]：−0.136 5,−8.2

指定下一点或 [闭合(C)/放弃(U)]：-0.136 5,−3.7

绘制完成的部分图形如图 8-18 所示。

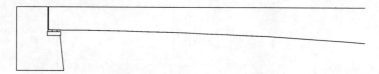

图 8-18　完成台身的绘制

再用矩形命令绘制桥台基础，绘制完桥台后，将桥台定义为【桥台】图层。

绘制完成的部分图形如图 8-19 所示。

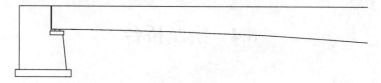

图 8-19　完成桥台的绘制

8.5　完成全桥立面绘制

采用镜像命令（Mirror）完成全桥里面的绘制，命令流及说明如下：

命令：Mirror

选择对象:(选择桥墩并回车确定)

选择对象：指定镜像线的第一点：0,0

指定镜像线的第二点：0,10

是否删除源对象？[是(Y)/否(N)] <N>: N（不删除之前画好的左半立面）

完成以上步骤后绘制的图形如图 8-20 所示。

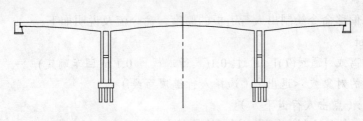

图 8-20　连续刚构桥立面布置

8.6　绘制桥梁标准横断面

前面我们已经绘制出了连续刚构桥的立面图，现在我们来继续绘制桥梁的标准横断面，操作如下。

首先为方便在原点绘图，先用 Move 命令，将刚才画好对的立面图移动至其他位置。

命令：Move

选择对象：（选择立面图）

指定基点或位移：0,0 （以原点为基点）

指定位移的第二点或 <用第一点作位移>：0,100（将立面图移动至原点正上方 100 m，当然这个距离是随意定的，可根据立面图的大小调整至适合的位置）

现在我们开始绘制桥面系（桥面铺装、人行道及栏杆等），命令流及说明如下：

命令：Line

指定第一点：（点击坐标原点 0）

指定下一点或[放弃（U）]：－4.5,－0.0725（车行道全宽 9 m，这里我们绘制半宽，因为车行道有横坡，所以车行道边在 Y 方向的坐标为－0.072）

绘制人行道及人行道栏杆，命令流及说明如下：

命令：Line

指定第一点：－4.5,－0.172 5（桥面铺装为 0.1 m 厚，因为我们人行道支墩起点为铺装端点在 Y 方向向下 0.1 m）

指定下一点或[放弃（U）]：－4.5,0.328（支墩顶点与桥面高差 0.4 m）

指定下一点或[放弃（U）]：－6.25,0.328（人行道宽 1.75 m）

指定下一点或[放弃（U）]：－6.25,－0.2

完成以上步骤绘制的图形如图 8-21 所示。

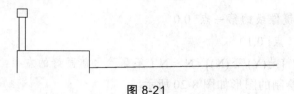

图 8-21

利用 Offset 偏移命令绘制出人行道板的厚度，命令流及说明如下：

命令：Offset

指定偏移距离或 [通过(T)] <通过>0.1(人行道板厚 0.1 m 回车确定)

选择要偏移的对象或 <退出>：（选择人行道顶面线）

指定通过点：（点击人行道下方）

采用 Rectang 命令绘制人行道支墩，命令流如下：

命令：Rectang

指定第一个角点或 [倒角(C)/标高(E)/圆角(F)/厚度(T)/宽度(W)]：−4.5,0.328

指定另一个角点或 [尺寸(D)]：−4.9,−0.178 4

指定第一个角点或 [倒角(C)/标高(E)/圆角(F)/厚度(T)/宽度(W)]：−5.4,0.228

指定另一个角点或 [尺寸(D)]：−5.5,−0.188

指定第一个角点或 [倒角(C)/标高(E)/圆角(F)/厚度(T)/宽度(W)]：−6,0.228

指定另一个角点或 [尺寸(D)]：−6.25,−0.2

完成以上步骤后绘制的图形如图 8-22 所示。

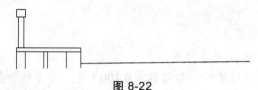

图 8-22

利用 Copy 复制及 Extend 延伸命令绘制出箱梁顶面线。

命令：Copy（回车确认）

选择对象：（选择已绘制好的铺装线并回车确认）

选择对象：指定基点或位移，或者 [重复(M)]：（选择 0,0 点为基点，当然也可以选择其他点，以作图方便为前提）

指定位移的第二点或 <用第一点作位移>@0,−0.1（向下复制铺装线，生成箱梁顶面线，0.1 为铺装厚度）

命令：Extend（选择人行道支墩最外侧边线并回车确认）

选择要延伸的对象，或按住<Shift>键选择要修剪的对象，或 [投影(P)/边(E)/放弃(U)]：（选择刚生成的箱梁顶面线并回车确认）

完成以上步骤后绘制的图形如图 8-23 所示。

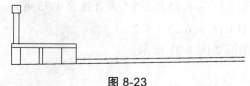

图 8-23

利用 Line 及 Chamfer 倒角命令绘制出箱梁顶板及倒角，命令流及说明如下：

命令：Line：（鼠标点击箱梁顶面线最外侧端点）

指定下一点或 [放弃(U)]:@0，−0.2（最外侧顶板厚 0.2 m）

指定下一点或 [放弃(U)]:@6.67,−1（箱梁翼缘斜率约为 1：0.67，也可输入 0.667,−0.1，只要保证斜率一致即可）

命令：LINE：−46.76,−7.7（回车确认）

指定下一点或 [放弃(U)]:@0,1（绘制 Y 轴正上方的直线）

命令：Chamfer：（回车确认）

选择第一条直线或 [多段线(P)/距离(D)/角度(A)/修剪(T)/方式(M)/多个(U)]:D（回车确认）

指定第一个倒角距离 <>:1（回车确认）

指定第二个倒角距离 <>:0.3（回车确认）

选择第一条直线或 [多段线(P)/距离(D)/角度(A)/修剪(T)/方式(M)/多个(U)]：（选择翼缘悬挑线）

选择第二条直线：（选择刚才绘制的直线）

注意： 以上两步顺序不能反。

完成以步骤后绘制的图形如图 8-24 所示。

用以上同样的方法绘制箱梁内边线，绘制后的图形如图 8-25 所示。

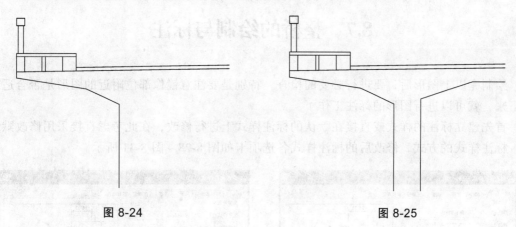

图 8-24　　　　　　　　　　　　　　　　　图 8-25

利用镜像命令绘制另一半箱梁上半部分，绘制后的图形如图 8-26 所示。

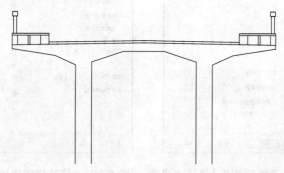

图 8-26

现在我们可以通过以上讲过的命令将整个桥梁标准横断面绘制出来，绘制完成后的图形如图 8-27 所示。

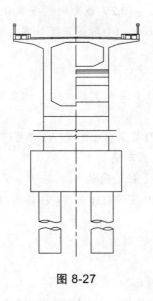

图 8-27

8.7 整桥的绘制与标注

绘制完以上图形后，要进行必要的检查，特别是要注意镜像部位附近的图形是否合适，接下来，就可以进行图形的标注工作了。

首先建立标注的样式或直接在默认的标注样式上进行修改，在此考虑直接采用修改默认标注样式的方式，修改后的标注样式各选项卡如图 8-28 ~ 图 8-31 所示。

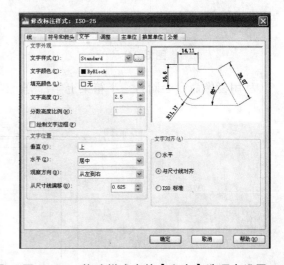

图 8-28　修改样式中的【直线和箭头】选项卡设置　　图 8-29　修改样式中的【文字】选项卡设置

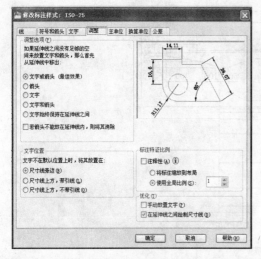

图 8-30　修改样式中的【调整】选项卡设置

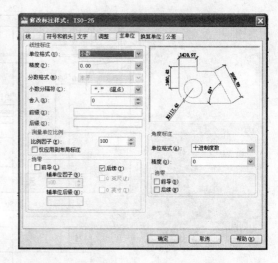

图 8-31　修改样式中的【主单位】选项卡设置

其中设置【文字】选项卡中的文字样式如图 8-32 所示。

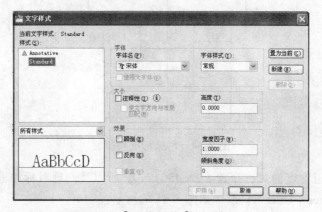

图 8-32　【文字样式】对话框设置

修改完标注的默认样式后，就可以进行标注了。标注方法可以先使用线性标注，后使用连续标注，标注过程在此不详细进行论述，标注采用厘米（cm）为单位进行，绘制后的图形如图 8-33、8-34 所示。

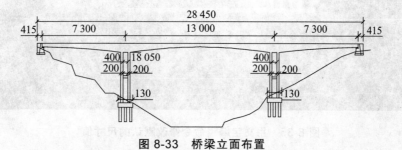

图 8-33　桥梁立面布置

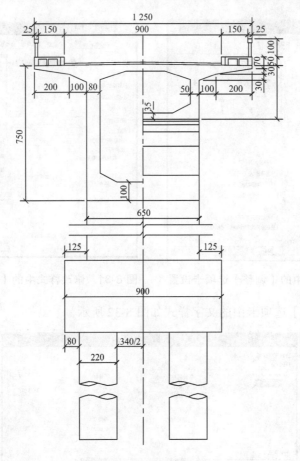

图 8-34　桥梁标准横断面

因为桥面车行道宽度为对称布置（2×450 cm），所以我们现对标注进行修改，具体可以用文字编辑命令 Ddedit（ED）修改，如图 8-35 的所示。

图 8-35　用文字编辑命令修改默认的尺寸值

修改完标注后的图形结果如图 8-36 所示。

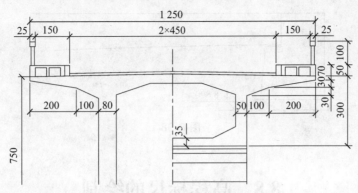

图 8-36　修改完标注后的图形

利用 Line 命令进行轴线的绘制，结果如图 8-37 所示。

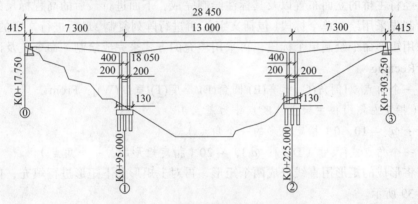

图 8-37　标注轴号后的桥梁立面布置

接着再进行局部水准标高绘制，以 0 号桥台基础底标高绘制为例，先绘制其中的直线部分，命令流及说明如下：

命令：Line

指定第一点：From

基点：（指定承台的右下角点）

<偏移>：@0，0（指定直线的起点）

指定下一点或[放弃(U)]：2，0（指定直线段的终点）

指定下一点或[放弃(U)]：（回车确认）

再接着绘制其中的水准标志三角形，采用等边多边形绘制命令 Polygon 进行绘制。

命令：Polygon

输入边的数目<4>：3（输入多边形的边数为 3）

指定正多边形的中心点或[边(E)]：E（采用指定边的形式来绘制）

基点：（指定前面绘制的直线的右端点）

指定边的第二个端点：2.5 <60（指定三角形边的另外一个端点，绘制边长为 2.5 的等边三角形）

最后在直线上面放置水准线的高度标志文字，用单行文字输入命令 Text，在此输入“178.800”，再进行必要的位置挪动就可以了，绘制完成的标注如图 8-38 所示。

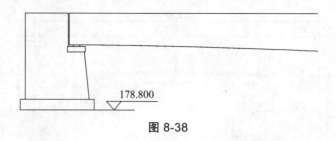

178.800

图 8-38

8.8　高程标尺的绘制

以上已经将主桥的立面布置以及其标注绘制完成，下面进行最后的高程标尺的绘制。高程标尺的绘制先采用绘制单个标段（包括文字），再进行阵列复制，最后进行文字的修改即可。

首先采用矩形命令绘制单个标段，再采用填充的方式来完成绘制，命令流及说明如下：

命令：Rectang

指定第一个角点或[倒角(C)/标高(E)/圆角(F)/厚度(T)/宽度(W)]：From

基点：（指定左侧引桥主梁上截断点作为基点）

<偏移>：@ −10，0（指定矩形的一个角点）

指定另一个角点或[尺寸（D）]：@3，−20（指定矩形的另一个角点）

再接着将形成的矩形用直线分成两个矩形，再对上矩形和下矩形进行填充，使用的填充形式如图 8-39 所示。

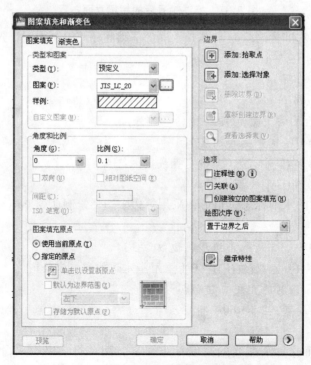

图 8-39　【图案填充和渐变色】对话框设置

填充后的图示效果如图 8-40 所示。

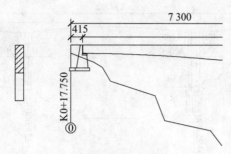

图 8-40　填充后的部分水准标尺图形

接着就可以进行标尺的文字输入，采用单行文字输入命令，字体样式采用默认样式进行，上部文字为"190"，中部文字为"180"，下部文字为"170"。输完后，适当调整文字的位置，使其形式美观，结果如图 8-41 所示。

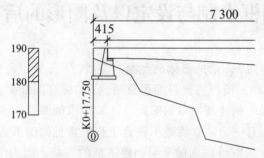

图 8-41　部分标尺标注文字

再进行阵列命令，选择其中的所有标尺对象和底下的"180"和"170"文字作为阵列的对象，阵列对话框的设置如图 8-42 所示。

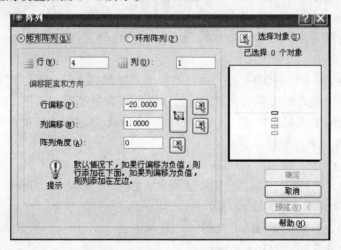

图 8-42　【阵列】对话框的设置

确认后，可以得到全部的标尺的草图，再对其中的文字进行必要的编辑，就可以完成标尺的绘制。将绘制好的标尺图形设置为【标注线】图层，将标尺的文字设置为【标注文字】图层，结果如图 8-43 所示。

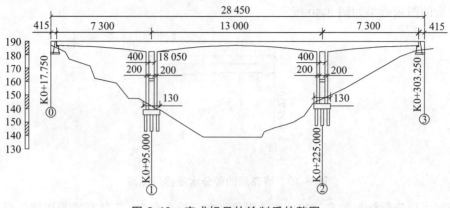

图 8-43 完成标尺的绘制后的整图

8.9 图框绘制与设定以及图形的后期处理

完成以上的绘制工作后,图形的整体已经绘制完成,下面就进行图框的绘制与设定工作,在实际中多采用 A3 纸打印,所以需要将图形放到 A3 的标准图框中。

可以采用直接在布局中创建新的布局形式,在其中添加图框块的形式达到创建图框的目的,但是这样创建的图形有一个缺点就是不符合工程中常见的图纸图框的布局形式,在布局空间中修改又相对困难,所以可以直接采用创建图框的方式。因为采用的是 A1 图纸,并采用横向放置图纸,所以其尺寸为 420×297,可以直接绘制此图框,方法是使用最简便的矩形命令,需要说明的是在此不直接在前面绘制的图形对象上绘制图框,而是先在和图形不相关的地方创建图框,以便不影响图形本身,最后移动图框到图形的合适位置。

命令:_Rectang

指定第一个角点或[倒角(C)/标高(E)/圆角(F)/厚度(T)/宽度(W)]:(在图形的右侧合适的地方指定矩形的起点)

指定另一个角点或[尺寸(D)]:420,-297(指定矩形的另外一个角点)

以上就绘制好图纸的纸边界线,下面进行图纸图框线的绘制,采用(GB/T 14689)中有关规定的带装订线的图纸幅面样式,其中左边的距离两者为 25,上面和右面以及下面的距离都是 10,绘制过程如下:

命令:Rectang

指定第一个角点或[倒角(C)/标高(E)/圆角(F)/厚度(T)/宽度(W)]:From

基点:(指定纸边界线的左上角为基点)

<偏移>:@25,-10(指定图框线的一个角点)

指定另一个角点或[尺寸(D)]:From

基点:(指定纸边界线的右下角为基点)

<偏移>:@-10,10(指定图框线的另一个角点)

绘制完成的图形如图 8-44 所示。

图 8-44　绘制完图纸的纸边界线和图框线

由于图纸内容比较多，包括了桥梁立面布置与标注横断面，标准图框在横向的宽度不够，可将图框在横向宽度上放大 1.5 倍。

命令：Stretch

以交叉窗口或交叉多边形选择要拉伸的对象...(从右往左选择图框)

指定基点或位移：（点击图框右下角为基点，当然也可以选其他任意一点）

指定位移的第二个点或 <用第一个点作位移>:210（加长 0.5 倍）

接着进行标题栏的绘制，虽然标题栏的尺寸与内容有规定，但也不是强制的，所以在此采用比较合适的值来选取，采用高度为 25，横向间距从右至左依次采用 2，1.5，2，1.5，2，1.5，2，1.5，2，1.5，6.5，7，7 等值，具体采用直线，绘制过程略，最后将图框线以及标题栏线条都设置为 0.5 的粗线，采用 Pedit 命令绘制如下：

命令：Pedit

选择多段线或[多条(M)]：M

选择对象：指定对角点：找到 15 个（选择纸边界线中的线段对象）

选择对象：（回车确认）

是否将直线和圆弧转换为多段线?[是(Y)/否(N)]?<Y>Y（将对象转换成多段线）

输入选项

[闭合(C)/打开(O)/合并(J)/宽度(W)/拟合(F)/样条曲线(S)/非曲线化(D)/线型生成(L)/放弃(U)]：W（响应宽度选项）

指定所有线段的新宽度：0.5（输入新宽度值）

输入选项

[闭合(C)/打开(O)/合并(J)/宽度(W)/拟合(F)/样条曲线(S)/非曲线化(D)/线型生成(L)/放弃(U)]：（回车确认）

绘制完成的图框如图 8-45 所示。

图 8-45 绘制完成标题栏

接着向标题栏中填充必要的文字，并将图纸边界线设置为【图纸边界线】图层，将图框线设置为【图框线】图层，将标题栏的线条设置为【图标题栏】图层，将标题栏设置为【标注文字】图层，结果如图 8-46 所示。

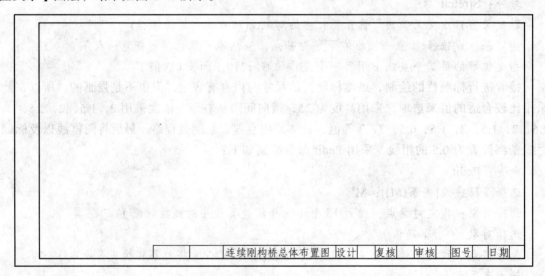

| | | 连续刚构桥总体布置图 | 设计 | | 复核 | | 审核 | | 图号 | | 日期 | |

图 8-46 向标题栏中填充文字

以上即为将需要插入的图框绘制好了，最后需要做的就是将前面绘制的图形对象插入到绘制好的空图框中，当然也可以将图框移入图形中，只作适当的调整就可以了，在此采用后一种方法，结果如图 8-47 所示。

最后如果要进行图纸的打印输出，可按图 8-48 的打印参数进行打印设置。

以上就完成了一个连续刚构桥桥型布置图的绘制，应该指出的是：在绘制过程中，本例采用的方法只是笔者习惯的方式，其他的方法还有很多，读者可以按照自己的思维习惯来绘制图形，只要绘出的图形能有足够的精度就可以了。实际上真实的连续刚构桥方案布置图中

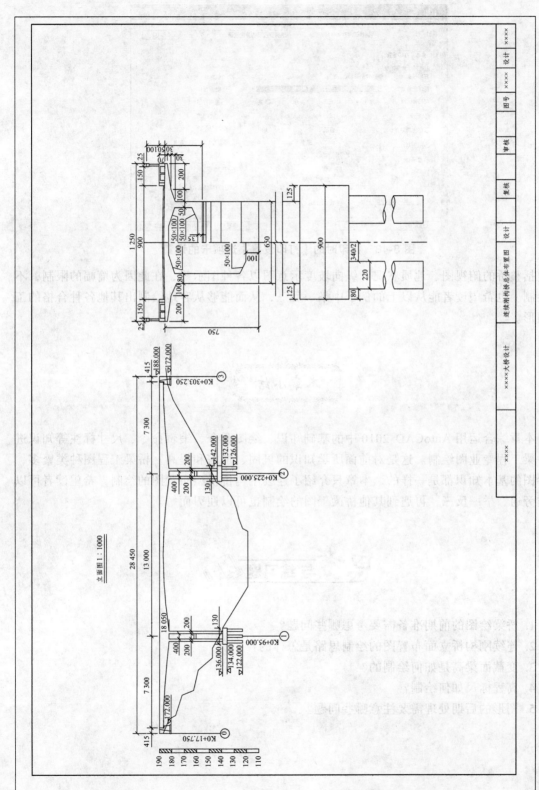

图 8-47　插入图框后的图形

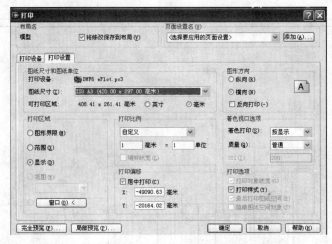

图 8-48　打印时的【打印设置】选项卡的设置

还包括整桥的俯视图、地质状况、纵向坡度示意图以各种图示等，在此因为篇幅的限制，不做绘制。也希望读者能从以上的例子中举一反三，从而能够从容地绘制出其他各种合格的工程图形。

本章小结

本章综合运用 AutoCAD 2010 中的基础知识、绘图命令、编辑命令、尺寸标注等知识进行桥梁工程专业图绘制。这是对前面所学知识的巩固、加深和提高。桥梁工程图种类繁多，但绘图的基本知识都是一样的，本章只介绍了连续刚构桥桥型布置图的绘制，希望读者可以触类旁通、举一反三，再遇到其他桥梁工图的绘制也可以迎刃而解。

思考与练习题

1. 桥梁绘图的前期准备需要考虑哪些问题？
2. 连续刚构桥立面布置图的绘制思路是怎样的？
3. 变截面梁高是如何绘制的？
4. 高程标尺如何绘制？
5. 图形的后期处理需要注意哪些问题？

第9章 图形打印与输出

▰ 知识目标

- 掌握模型空间、图纸空间的概念。
- 掌握图形布局的创建、页面设置。
- 了解图形输出格式转换方法。

▰ 技能目标

- 熟悉和掌握打印图形的操作过程。
- 掌握设置页面大小、打印范围和输出比例的方法。
- 了解输出为其他格式文件的方法。

▰ 学前导读

图形输出在计算机绘图中是一个非常重要的环节。在 AutoCAD 2010 中，可以从模型空间直接输出图形，也可以设置布局从图纸空间输出图形。本章将要介绍模型空间、图纸空间的概念以及图形布局的创建、页面设置、浮动视口、打印设置等操作方法，另外还要介绍在模型空间和图纸空间输出图形的操作方法。

9.1 概　述

9.1.1 模型空间与图纸空间的概念

AutoCAD 最有用的功能之一就是可在两个环境中完成绘图和设计工作，即模型空间和图纸空间，其作用是不同的。一般来说，模型空间是一个三维空间，主要用来设计零件和图形的几何形状，设计者一般在模型空间完成其主要的设计构思；而图纸空间是模拟手工绘图的空间，它是为绘制平面图而准备的一张虚拟图纸，是一个二维空间的工作环境。从某种意义上来说，图纸空间就是为布局图面、打印出图而设计的，我们还可在其中添加诸如边框、注释、标题和尺寸标注等内容。

9.1.2 平铺式的模型空间与浮动式的模型空间

模型空间又可以分为平铺式的模型空间和浮动式的模型空间。大部分设计和绘图工作都是在平铺式模型空间中完成的，如图 9-1 所示。

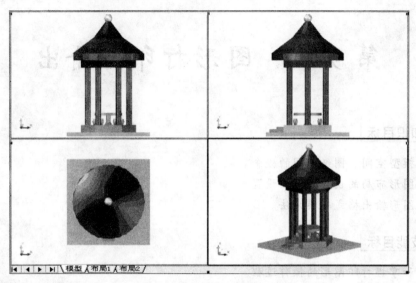

图 9-1　平铺式模型空间

9.1.3　模型空间与图纸空间的切换

可以根据坐标标志来区分模型空间与图纸空间，当处于模型空间时，屏幕显示 UCS 标志（见图 9-1），当处于图纸空间时，屏幕显示图纸空间标志，即一个直角三角形（见图 9-2），

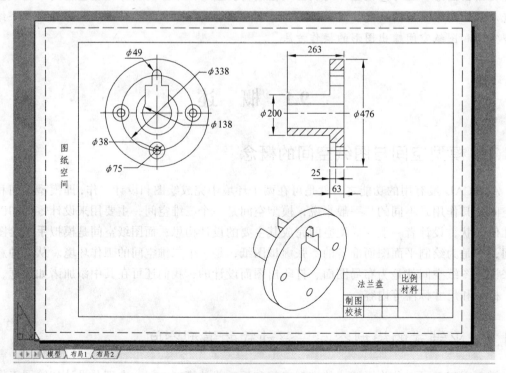

图 9-2　图纸空间浮动视口

所以旧的版本将图纸空间又称作【三角视图】。用户可以在图纸空间建立多个浮动视区或浮动视口，又称布局视口，以便包含模型的不同视图。

AutoCAD 2010 可以在绘图区域底部附近的两个或多个选项卡上访问这些空间，即【模型】选项卡以及一个或多个【布局】选项卡，如图 9-3 所示。在模型空间和图纸空间都可以进行输出设置，而且它们之间的转换也非常简单，单击【模型】选项卡或【布局】选项卡就可以在它们之间进行切换，如图 9-4 所示。

另外，系统变量 Tilemode 也能控制当前的活动空间是图纸空间还是模型空间。当 Tilemode 的值为 1 时，AutoCAD 工作在模型空间；当 Tilemode 的值为 0 时，AutoCAD 工作在图纸空间。Tilemode 的名称来源于模型空间的平铺视口。

图 9-3　"模型"选项卡和"布局"选项卡

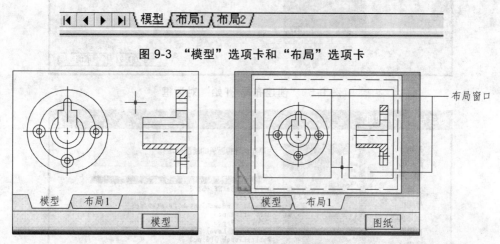

图 9-4　模型空间和图纸空间的切换

但是，模型空间和图纸空间是两个不同的制图环境，在同一个图形中是无法同时在这两个环境中工作的。系统变量 TIMEMODE 的值决定了是处于模型空间还是图纸空间。

9.1.4　创建布局

布局是一种图纸空间环境，它模拟图纸页面，提供直观的打印设置。在布局中可以创建并放置视口对象，还可以添加标题栏或其他几何图形。可以在图形中创建多个布局以显示不同视图，每个布局可以包含不同的打印比例和图纸尺寸。布局显示的图形与图纸页面上打印出来的图形完全一样。

在 AutoCAD 2010 中，可以用【布局向导】命令以向导方式创建新布局，也可以用 Layout 命令以模板方式创建新布局，这里我们将主要介绍以向导方式创建布局的过程。

（1）执行【插入】→【布局】→【创建布局向导】命令，或输入 Layoutwizard，按<Enter>键，激活 Layoutwizard 命令之后，系统将弹出如图 9-5 所示的【创建布局 – 开始】对话框。

（2）该对话框用于为新布局命名。左边一列项目是创建中要进行的八个步骤，前面标有三角符号的是当前步骤。在【创建布局 – 开始】对话框中输入新创建的布局的名称【建筑设计】。

（3）完成设置后单击【下一步】按钮，出现如图 9-6 所示的【创建布局 – 打印机】对话框。

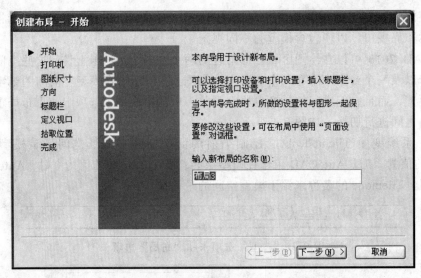

图 9-5　"创建布局-开始"对话框

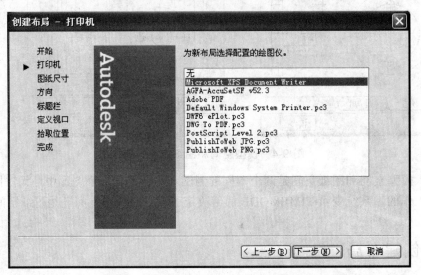

图 9-6　"创建布局-打印机"对话框

（4）该对话框用于选择打印机，在列表中列出了本机可用的打印机设备，从中选择一种打印机作为输出设备。完成选择后单击【下一步】按钮，出现【创建布局－图纸尺寸】对话框，如图 9-7 所示。这个对话框用于选择打印图纸的大小并选择所用的单位。该对话框的下拉列表框中列出了可用的各种格式的图纸，它由选择的打印设备决定，可从中选择一种格式。【图形单位】选项区用于控制图形单位，可以选择毫米、英寸或像素。

（5）选中【毫米】单选框，即以毫米为单位，再选中纸张大小为【ISO　A1(841.00×594.00 mm)】。

（6）完成以上设置之后，单击【下一步】按钮，出现【创建布局－方向】对话框，如图 9-8 所示。这个对话框用于设置打印的方向，两个单选框分别表示不同的打印方向，选中【横向】单选按钮表示按横向打印，而选中【纵向】单选按钮则表示按纵向打印。

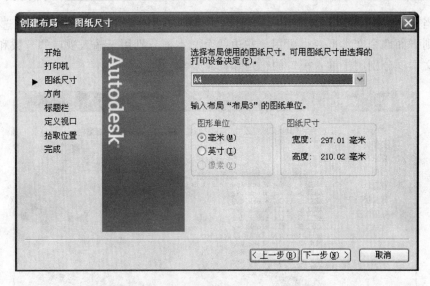

图 9-7　"创建布局-图纸尺寸"对话框

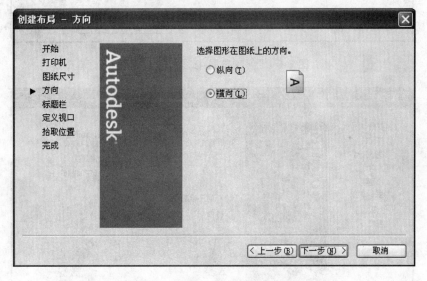

图 9-8　"创建布局-方向"对话框

（7）完成打印方向设置后，单击【下一步】按钮，即出现【创建布局－标题栏】对话框，如图 9-9 所示。

　　该对话框用于选择图纸的边框和标题栏的样式，对话框左边的列表框中列出了当前可用的样式，可从中选择一种。对话框右边的预览框中显示出了所选样式的预览图像。在对话框下部的类型选项区中，可以指定所选择的标题栏图形文件是作为块还是作为外部参照插入到当前图形中。

（8）选择 ISO A1 title block.dwg 样式，选中【块】单选按钮，将该样式作为块插入。完成打印样式设置后，单击【下一步】按钮，出现【创建布局－定义视口】对话框，如图 9-10 所示。

　　在该对话框中可以指定新创建的布局默认视口设置和比例等。其中【视口设置】选项区用于设置当前布局定义视口数。【视口比例】下拉列表框用于设置视口的比例,当选择【阵列】选项时,则下面四个文本框变得可用,左边两个文本框分别用于输入视口的行数和列数,而右边两个文本框分别用于输入视口的行距和列距。

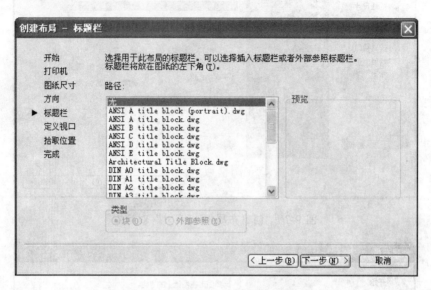

图 9-9 "创建布局-标题栏"对话框

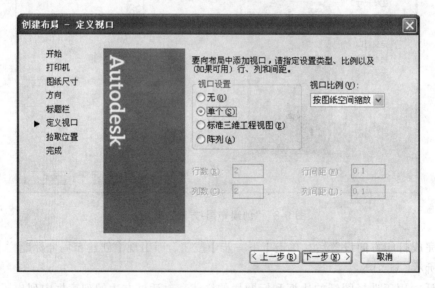

图 9-10 "创建布局-定义视口"对话框

(9)选中【单个】单选按钮,然后单击【下一步】按钮,即可出现【创建布局 – 拾取位置】对话框,如图 9-11 所示。该对话框用于选择图纸的边框和标题栏的样式,对话框左边的列表框中列出了当前可用的样式,可从中选择一种。对话框右边的预览框中显示出了所选样式的预览图像。在对话框下部的类型选项区中,可以指定所选择的标题栏图形文件是作为块还是作为外部参照插入到当前图形中。

(10)单击【选择位置】按钮,系统将暂时关闭该对话框,返回到图形窗口,从中指定视口的大小和位置。选择了恰当的视口大小和位置后，单击【下一步】按钮，即可出现【创建布局－完成】对话框，如图 9-12 所示。

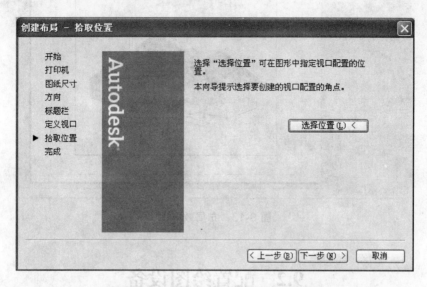

图 9-11　"创建布局-拾取位置"对话框

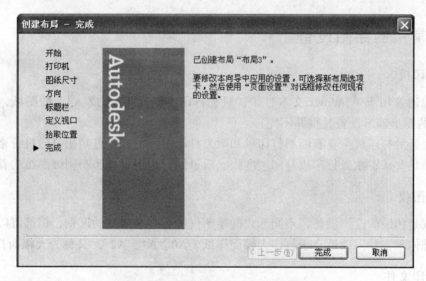

图 9-12　"创建布局-完成"对话框

（11）如果对以前的设置都已满意，单击【完成】按钮完成新布局的创建。系统自动返回到布局空间，显示新创建的布局【建筑设计】，如图 9-13 所示。

总之，布局代表打印的页面，用户可以根据需要创建任意多个布局。每个布局都保存在自己的布局选项卡中，可以与不同的页面设置相关联。

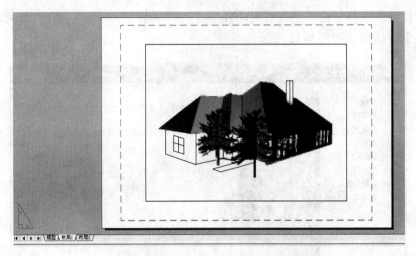

图 9-13　布局效果图

9.2　配置绘图设备

9.2.1　常用的绘图设备

1. 打印机

打印机通常用于 Windows 文本打印，只能打印小幅面（A3 或 A4）的图纸，因此作为 AutoCAD 的图形输出设备显得并不完善。

目前流行的打印机主要有喷墨打印机和激光打印机两种。彩色喷墨打印机价格便宜，打印质量能满足要求；激光打印机打印速度快、质量好，是用户打印小幅面图纸的首选。

2. 绘图仪

绘图仪是传统的输出设备，不同形式的绘图仪虽然有些细微的区别，但都可以使图形效果得到最佳体现。绘图仪适合于打印大幅面图纸（A0、A1、A2），又称为大幅面打印机。

3. 打印文件

用户除了可以用打印机和绘图仪输出图形外，还可以根据需要进行配置，从而将图形以打印文件的方式输出。

9.2.2　绘图设备的安装和配置

1. 安　装

安装绘图仪和其他打印输出设备完全是在提示窗口下进行的，用户可详细参考绘图仪和其他打印输出设备的说明书，根据提示完成安装。

2. 配　置

用户可以利用打印机管理器（即【Plotters】对话框）来配置绘图设备，打开打印机管理器的方法有两种：

（1）键盘输入方式。在命令行中输入【Plottermanager】命令，回车。

（2）文件菜单方式。在文件下拉菜单上单击【文件｜绘图仪管理器】命令。

在打印机管理器窗口中，用户可以双击【添加绘图仪向导】，根据自己的外部设备情况进行输出设备的配置。一般情况下，用户不要更改绘图仪的初始设置。

3. 打印准备工作

（1）连接出图设备到计算机，确定数据线、电源线等连接无误后，打开绘图仪（或打印机）的电源。

（2）打印设备进行自检。

（3）检查图纸的尺寸和位置。

一切正确无误后，方可输出图形。

9.2.3　图形输出系统的配置

选择【工具/选项】命令，弹出【选项】对话框。在【选项】对话框中的【打印和发布】选项卡中，用户可以对 AutoCAD 打印输出的系统配置进行设置和修改。【选项】对话框中的【打印和发布】选项卡如图 9-14 所示。

（1）新图形的默认打印设置。

① 用作默认输出设备：列表显示从打印机配置搜索路径中找到的所有绘图仪配置文件（PC3）以及系统中配置的所有系统打印机。

② 使用上一可用打印设置：设定与上一次成功打印的设置相匹配的打印设置。

③ 添加或配置绘图仪：显示绘图仪管理器，可以在【Autodesk 绘图仪管理器】中添加或配置绘图仪。

（2）打印到文件：为打印到文件操作指定默认保存路径。可以直接输入保存路径，或指定新位置。

（3）后台处理选项：指定与后台打印和发布相关的选项。可以使用后台打印启动正在打印或发布的作业，然后立即返回绘图工作。

（4）打印并发布日志文件：将打印和发布的日志文件保存为 CSV 格式的文件，该格式的文件可以在 Excel 电子表格中打开。日志文件包含关于打印和发布作业的信息。

（5）基本打印选项：控制与基本打印环境，包括图纸尺寸设置、系统打印机警告方式和 AutoCAD 图形中的 OLE 对象相关的选项。

（6）指定打印偏移时相对于：指定打印区域的偏移是从可打印区域的左下角开始还是从图纸的边开始等。

（7）打印戳记设置：打开【打印戳记】对话框，指定打印戳记信息。

（8）打印样式表设置：打开【打印样式表设置】对话框，指定打印样式表的设置。

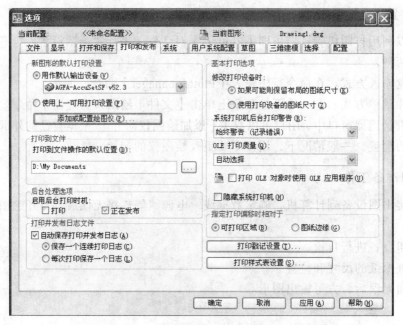

图 9-14　打印和发布选项卡

9.3　打印样式

使用 AutoCAD 创建图形之后，通常要打印到图纸上，或者生成一份电子图纸。打印的图形可以包含图形的单一视图，或者更为复杂的视图排列。根据不同的需要，可以设置选项以确定打印的内容和图形在图纸上的布置。

布局在图纸的可打印区域显示图形视图，模拟在纸面上绘图的情形。布局选项卡中显示实际打印的内容，还存储页面设置，包括打印设备、打印样式表、打印区域、旋转、打印偏移、图纸大小和缩放比例等。

所有的对象和图层都具有打印样式。打印样式是一系列颜色、抖动、灰度、笔指定、淡显、线型、线宽、端点样式、连接样式和填充样式的替代设置。

9.3.1　打印样式简介

1. 打印样式的概念

打印样式（Plot Style）是一种对象特性，用于修改打印图形的外观，包括对象的颜色、线型和线宽等，也可指定端点、连接和填充样式，以及抖动、灰度、笔指定和淡显等输出效果。

2. 打印样式的类型

打印样式可分为【Color Dependent（颜色相关）】和【Named（命名）】两种模式。用户通常使用颜色相关打印样式，通过颜色控制图形输出的线宽。

（1）颜色相关打印样式

颜色相关打印样式建立在图形实体颜色设置的基础上，通过颜色来控制图形输出。使用时，用户可以根据颜色设置打印样式，再将这些打印样式赋予使用该颜色的图形实体，从而最终控制图形的输出。

（2）命名打印样式

命名打印样式与图形文件中图形实体的颜色无关，它包括用户自己创建的打印样式和 AutoCAD 本身自带的打印样式。

命名打印样式是 AutoCAD 打印输出的一个有力工具，它使图形输出的专业化变得简单易行。以建筑图纸为例，用户可以将一张建筑平面图中的墙体、门窗、轴线等不同功能的实体分别定义为一种打印样式，再将其赋予图中的同类实体。

（3）打印样式表

打印样式表用于定义打印样式。根据打印样式的不同模式，打印样式表也分为颜色相关打印样式表和命名打印样式表。颜色相关打印样式表以【.ctb】为文件扩展名保存，而命名打印样式表以【.stb】为文件扩展名保存，均保存在 AutoCAD 系统主目录中的【plot styles】子文件夹中。

9.3.2　创建打印样式表

AutoCAD 提供了两种向导，分别用于创建命令打印样式表和颜色相关打印样式表。

（1）在【工具】菜单中，选择【向导｜添加打印样式表】，打开【添加打印样式表】对话框。

（2）选择【下一步】，打开如图 9-15 所示的【添加打印样式表-开始】对话框。

（3）在【添加打印样式表-开始】对话框中，提供了四个选项可供选择。如果使用现有打印样式表，新的打印样式表的类型将与原来的打印样式表的类型相同。选择【创建新打印样式表】，单击【下一步】，弹出如图 9-16 所示的【添加打印样式表-选择打印样式表】对话框。

（4）选择【颜色相关打印样式表】。如果从 PCP、PC2 或 CFG 文件中输入笔设置，或基于现有打印样式表创建新打印样式表。如果使用 CFG 文件，可能需要选择要输入的绘图仪配置。选择【下一步】，弹出【文件名】对话框，如图 9-17 所示。

（5）在【文件名】对话框中输入新打印样式表的名称。选择【下一步】，弹出【完成】对话框，如图 9-18 所示。

（6）在【完成】对话框中，单击选择【打印样式表编辑器】按钮打开【打印样式表编辑器】对话框来编辑新打印样式表，如图 9-19 所示。

（7）单击选择【编辑线宽】按钮打开【编辑线宽】对话框，可以设置指定颜色图线的线宽。

单击【确定】结束线宽编辑，退回到【打印样式表编辑器】对话框。在【完成】对话框中单击【完成】即结束打印样式表的创建。对于所有使用颜色相关打印样式表的图形，新打印样式表在【打印】和【页面设置】对话框中都可用。

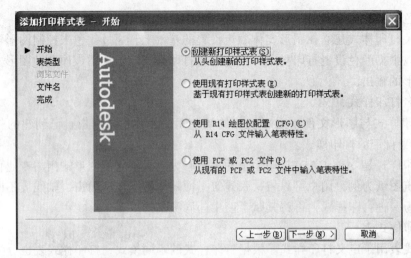

图 9-15 "添加打印样式表-开始"对话框

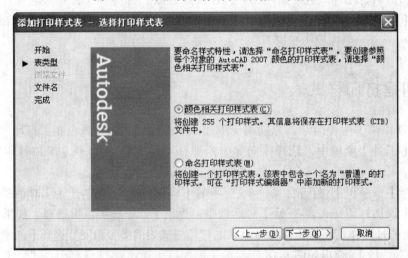

图 9-16 "添加打印样式表-选择打印样式表"对话框

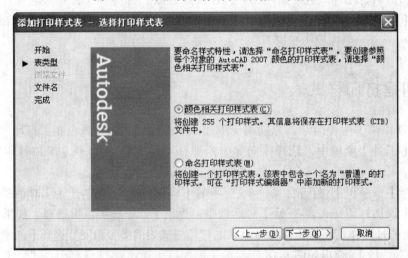

图 9-17 "添加打印样式表-文件名"对话框

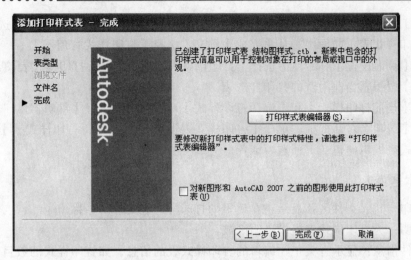

图 9-18 "添加打印样式表-完成"对话框

图 9-19 "打印样式表编辑器"对话框

9.3.3 编辑打印样式

用户可以使用下列任意一种方法打开【打印样式表编辑器】。

（1）在打印样式管理器中双击 CTB 文件或 STB 文件。

（2）在打印样式管理器中的 CTB 或 STB 文件上单击右键，并从快捷菜单中选择【打开】。在【添加打印样式表】向导中，从【完成】屏幕上选择【打印样式管理器】。

（3）在【页面设置】对话框中选择【打印设备】选项卡。在【打印样式表(笔指定)】下，选择【编辑】以编辑当前附着的打印样式表。

（4）在【当前打印样式】和【选择打印样式】对话框中，选择【编辑器】。

（5）在【选项】对话框中，单击【打印样式表设置/添加或编辑打印样式表】。

打印样式表编辑器包括下列选项卡：

1. 基本选项卡

（1）打印样式表文件名：显示正在编辑的打印样式表文件的名称。

（2）说明：为打印样式表提供说明区域。

（3）文件信息：显示有关正在编辑的打印样式表的信息，如打印样式的数目、路径和打印样式表编辑器的版本号。

（4）向非 ISO 线型应用全局比例因子：缩放打印样式中的所有非 ISO 线型和填充图案。

（5）比例因子：指定要缩放的非 ISO 线型和填充图案的数量。

（6）删除 R14 颜色映射表：由 acadrl4.cfg、PCP 或 PC2 文件创建的命名打印样式表包含从 AutoCAD R14 笔映射中创建的打印样式。颜色相关打印样式表也具有颜色映射表。

2. 表视图和格式视图

列出打印样式表中的所有打印样式及其设置。打印样式是打印过程中图形的替代样式，可以修改打印样式的颜色、淡显、线型、线宽和其他设置。打印样式按列从左到右显示，可以使用【表视图】选项卡或【格式视图】选项卡来调整打印样式设置。

（1）名称：显示命名打印样式表中的打印样式名。

（2）说明：提供每个打印样式的说明。

（3）颜色：指定对象的打印颜色。

（4）启用抖动：打印机采用抖动来靠近点图案的颜色，使打印颜色看起来似乎比颜色索引（ACI）中的颜色要多。如果绘图仪不支持抖动，将忽略抖动设置。

（5）转换为灰度：如果绘图仪支持灰度，则将对象颜色转换为灰度。

（6）使用指定的笔号：指定打印使用该打印样式的对象时要使用的笔，限于笔式绘图仪。

（7）虚拟笔号：许多非笔式绘图仪都可以使用虚拟笔模仿笔式绘图仪。

（8）淡显：指定颜色强度设置，该设置确定在打印时 AutoCAD 在纸上使用的墨的多少。

（9）线型：用样例和说明显示每种线型的列表。

（10）自适应调整：调整线型比例以完成线型图案。

（11）线宽：显示线宽及其数字值的样例。

（12）线条端点样式：提供下列线条端点样式：柄形、方形、圆形和菱形。

（13）线条连接样式：提供下列线条连接样式：斜接、倒角、圆形和菱形。

（14）填充样式：提供下列填充样式：实心、棋盘形、交叉线、菱形、水平线、左斜线、右斜线、方形点和垂直线。

（15）添加样式：向命名打印样式表添加新的打印样式。

（16）删除样式：从打印样式表中删除选定样式。

（17）编辑线宽：显示【编辑线宽】对话框。

（18）另存为：显示【另存为】对话框，并以新名称保存打印样式表。

9.4 页面设置

页面设置在【页面设置】对话框中进行，可通过以下四种方式打开：

（1）工具栏：单击布局工具栏上的命令按钮。

（2）文件菜单：单击文件下拉菜单【文件】→【页面设置管理器】。

（3）键盘输入：在命令行命令提示符下，输入 Pagesetup，回车。

（4）快捷菜单：右键单击【模型】选项卡或某个布局选项卡，然后选择【页面设置管理器】。

命令启动后显示【页面设置管理器】对话框，如图 9-20 所示。

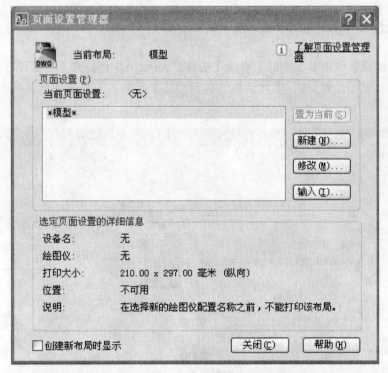

图 9-20 "页面设置管理器"对话框

9.4.1 新建页面设置方式

单击【页面设置管理器】中的【新建】按钮，AutoCAD 将打开如图 9-21 所示的对话框，允许用户添加新的页面设置方式。

用户输入新的页面设置名称后单击【确定】按钮，AutoCAD 将打开页面设置对话框，允许用户编辑和添加新的页面设置方式。

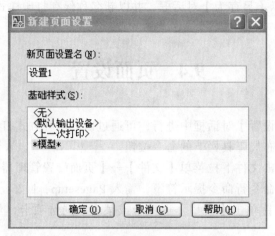

图 9-21 "新建页面设置"对话框

9.4.2 修改页面设置方式

单击【页面设置管理器】中的【修改】按钮，AutoCAD 将打开【页面设置】对话框，允许用户修改现有页面设置方式。该对话框的标题栏还显示当前布局或图纸集的名称，如图 9-22 所示。

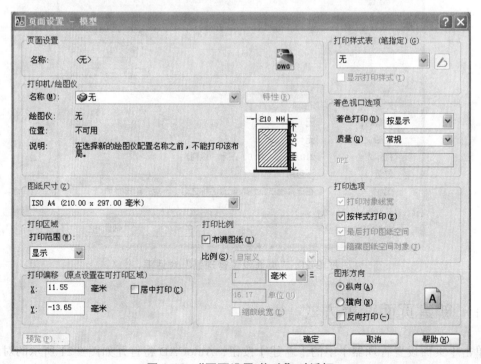

图 9-22 "页面设置-修改"对话框

下面对该对话框的内容分别进行介绍：

1. 页面设置

（1）名称：显示当前页面设置的名称。

（2）DWG 图标：表示【页面设置】对话框是从某个布局打开的。

（3）SSM 图标：从图纸集管理器打开【页面设置】对话框时，将显示该图标。

2. 打印机/绘图仪

指定布局或图纸输出的打印设备。

（1）名称：列出可用的 PC3 文件或系统打印机，用户可以从列表中进行选择，以打印或发布当前布局或图纸。设备名称前面的图标识别其为 PC3 文件还是系统打印机。

（2）特性：显示绘图仪配置编辑器（PC3 编辑器），从中可以查看或修改当前绘图仪的配置、端口、设备和介质设置。

（3）绘图仪：显示当前指定的打印设备。

（4）位置：显示当前指定的输出设备的物理位置。

（5）说明：显示当前指定的输出设备的说明文字。用户可以在绘图仪配置编辑器中编辑这些文字。

（6）局部预览：填充区域表示打印时图形的大小，外框表示图纸的大小。用户通过局部预览可以观察到图形相对于图纸边缘的输出效果。

3. 图纸尺寸

显示所选打印设备可用的标准图纸尺寸。如果未选择绘图仪，将显示全部标准图纸尺寸的列表以供选择。如果所选绘图仪不支持布局中选定的图纸尺寸，将显示警告，用户可以选择绘图仪的默认图纸尺寸或自定义图纸尺寸。

使用【添加绘图仪】向导创建 PC3 文件时，将为打印设备设置默认的图纸尺寸。在【页面设置】对话框中选择的图纸尺寸将随布局一起保存，并将替代 PC3 文件设置。

页面的实际可打印区域（取决于所选打印设备和图纸尺寸）在布局中由虚线表示。

4. 打印区域

指定要打印的图形区域，有五个选项。在【打印范围】下，可以选择要打印的图形区域。

（1）图形界限：打印布局时，将打印指定图纸尺寸的可打印区域内的所有内容，其原点从布局中的（0，0）点计算得出。从【模型】选项卡打印时，将打印栅格界限定义的整个图形区域，栅格界限之外的图形将不被打印。

（2）范围：当前绘图区域内的所有几何图形都将被打印，不管该图形在当前视口上是否看得到。

（3）显示：打印在当前视口上看得到的所有图形。

（4）视图：打印以前使用 VIEW 命令保存的视图。用户可以从列表中选择命名视图。如果图形中没有已保存的视图，此选项不可用。

（5）窗口：通过窗口选择指定打印的图形部分。指定要打印区域的两个角点时，【窗口】按钮才可用。单击【窗口】按钮以使用定点方法指定要打印区域的两个角点，或输入坐标值。

命令：指定第一个角点：（指定点）

指定另一个角点：（指定点）

5. 打印偏移

根据【指定打印偏移时相对于】选项（【工具｜选项｜打印和发布】）中的设置，用户可以指定打印区域相对于【可打印区域】或【图纸边缘】。【页面设置】对话框的【打印偏移】区域在括号中显示指定的打印偏移选项。

图纸的可打印区域由所选输出设备决定，在布局中以虚线表示。更改为其他输出设备时，可能会更改可打印区域。

（1）打印偏移量：通过在【X偏移】和【Y偏移】框中输入正值或负值，可以偏移图纸上的几何图形。图纸中的绘图单位为英寸或毫米。

（2）居中打印：自动计算X偏移值和Y偏移值，在图纸上居中打印。当【打印区域】设置为【布局】时，此选项不可用。

6. 打印比例

控制图形单位与打印单位之间的相对尺寸。打印布局时，默认缩放比例设置为1∶1。从【模型】选项卡打印时，默认设置为【布满图纸】。如果在【打印区域】指定【布局】选项，则AutoCAD将按布局的实际尺寸打印而忽略在【比例】中指定的设置。

（1）布满图纸：缩放打印图形以布满所选图纸尺寸，并在【比例】、【毫米=】和【单位】框中显示自定义的缩放比例因子。

（2）比例：定义打印的精确比例。自定义用于指定用户定义的比例。可以通过输入与图形单位数等价的英寸（或毫米）数来创建自定义比例。

（3）英寸=/毫米=/像素=：指定与指定的单位数等价的英寸数、毫米数或像素数。当前所选图纸尺寸决定单位是英寸、毫米还是像素。

（4）单位：指定与指定的英寸数、毫米数或像素数等价的单位数。

（5）缩放线宽：与打印比例成正比缩放线宽。线宽通常指定打印对象的线的宽度并按线宽尺寸打印，而不考虑打印比例。

7. 着色视口选项

指定着色和渲染视口的打印方式，并确定它们的分辨率级别和每英寸点数（DPI）。

（1）着色打印：指定视图的打印方式。要为布局选项卡上的视口指定此设置，请选择该视口，然后在【工具】菜单中单击【特性】。如图9-23所示，在【模型】选项卡上，可以从下列选项中选择：

显示：按对象在屏幕上的显示方式打印。

线框：在线框中打印对象，不考虑其在屏幕上的显示方式。

图9-23 "着色打印预览"对话框

消隐：打印对象时消除隐藏线，不考虑其在屏幕上的显示方式。

渲染：按渲染的方式打印对象，不考虑其在屏幕上的显示方式。

（2）质量：指定着色和渲染视口的打印分辨率。可从下列选项中选择：

草稿：将渲染和着色模型空间视图设置为线框打印。

预览：将渲染和着色模型空间视图的打印分辨率设置为当前设备分辨率的 1/4，DPI 最大值为 150。

常规：将渲染和着色模型空间视图的打印分辨率设置为当前设备分辨率的 1/2，DPI 最大值为 300。

演示：将渲染和着色模型空间视图的打印分辨率设置为当前设备的分辨率，DPI 最大值为 600。

最大：将渲染和着色模型空间视图的打印分辨率设置为当前设备的分辨率，无最大值。

自定义：将渲染和着色模型空间视图的打印分辨率设置为【DPI】框中指定的分辨率。

（3）DPI：指定渲染和着色视图的每英寸点数，最大可为当前打印设备的最大分辨率。

8. 打印选项

指定线宽、打印样式、着色打印和对象的打印次序等选项。

（1）打印对象线宽：指定打印时对象的线宽是否为对象或图层指定的线宽。

（2）按样式打印：指定是否根据已定义打印样式的线宽进行输出。如果选择该选项，也将自动选择【打印对象线宽】。

（3）最后打印图纸空间：首先打印模型空间几何图形。通常先打印图纸空间几何图形，然后再打印模型空间几何图形。

（4）隐藏图纸空间对象：指定 HIDE 操作是否应用于图纸空间视口中的对象。此选项仅在布局选项卡中可用。此设置的效果反映在打印预览中，而不反映在布局中。

9. 图形方向

为支持纵向或横向的绘图仪指定图形在图纸上的打印方向，通过选择【纵向】、【横向】或【反向打印】可以更改图形方向以获得 0°、90°、180° 或 270° 的旋转图形。图纸图标代表所选图纸的打印方向，字母图标代表图形在图纸上的方向，如图 9-24 所示。

（1）纵向：放置并打印图形，使图纸的短边位于图形页面的顶部。

（2）横向：放置并打印图形，使图纸的长边位于图形页面的顶部。

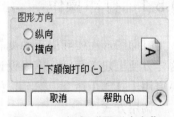

（3）反向打印：上下颠倒地放置并打印图形。这种打印方向还受 PLOTROTMODE 系统变量的影响。

图 9-24 打印"图形方向"操作对话框

9.4.3 打印预览

打印设置完成后，单击【预览】按钮，将显示图打印的预览图，如图 9-25 所示。如果想直接进行打印，可以单击【打印】按钮，打印图像；如果设置的打印效果不理想，可以单击【预览】按钮，返回到【打印】对话框中进行修改，再进行打印。

按执行 PREVIEW 命令时在图纸上打印的方式显示图形。要退出打印预览并返回【页面设置】对话框，按<Esc>键退出，或在预览区中单击右键在弹出的快捷菜单上选择【退出】。

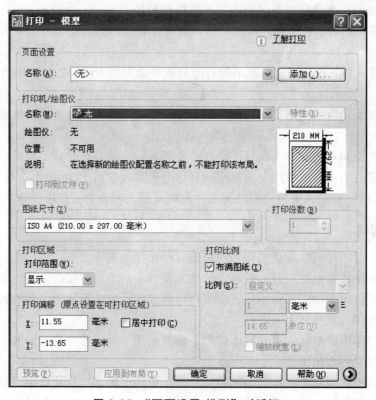

图 9-25 "页面设置-模型"对话框

9.5 打印输出

9.5.1 打印操作

打印图形在实际应用中具有重要意义，通常在图形绘制完成后，需要将其打印于图纸上，这样方便土建工程师、室内设计师和施工工人参照。在打印图形的操作过程中，用户首先需要启用【打印】命令，然后选择或设置相应的选项即可打印图形。

调用方式：

（1）下拉菜单→【文件】→【打印】。

（2）标准工具栏→ 🖨 。

（3）命令：PLOT（或 Ctrl + P）。

启用【打印】命令，弹出【打印—模型】对话框，如图 9-26 所示，从中用户需要选择打印设备、图纸尺寸、打印区域、打印比例等。

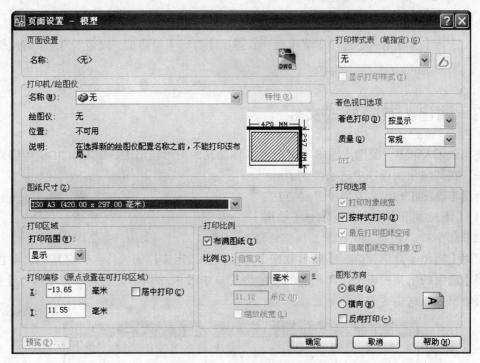

图 9-26 "打印—模型"对话框

9.5.2 在一张图纸上打印多个图形

通常在一张图纸上需要打印多个图形，以便节省图纸，具体的操作步骤如下：

（1）选择【文件】→【新建】菜单命令，创建新的图形文件。

（2）选择【插入】→【块】，弹出【插入】对话框，单击【浏览】，弹出【选择图形文件】对话框，从中选择要插入的图形文件，单击【打开】按钮，此时在【插入】对话框的【名称】文本框内将显示所选文件的名称，如图 9-27 所示，单击【确定】按钮，将图形插入到指定的位置。

图 9-27 "插入"对话框

注意：如果插入文件的文字样式于当前图形中的文字样式名称相同，则插入的图形文件中的文字将使用当前图形文件中的文字样式。

（3）使用相同的方法插入其他需要的图形，使用【缩放】工具将图形进行缩放，缩放的比例与打印比例相同，适当组成一张图纸幅图。

（4）选择【文件】→【打印】菜单命令，弹出【打印】对话框，设置为1：1的比例图形即可。

9.5.3 输出为其他格式文件

在AutoCAD中，使用【输出】命令可以将绘制的图形输出为，BMP、3DS等格式的文件，并可在其他应用程序中进行使用。

启用【输出】命令，有以下几种方法：

（1）【下拉菜单】→【文件】→【输出】。

（2）命令：EXPORT （EXP）。

启用【输出】命令，弹出【输出数据】对话框，指定文件的名称和保存路径，并在【文件类型】选项的下拉列表中选择相应的输出格式，如图9-28所示，然后单击【保存】按钮，将图形输出为所选格式的文件。

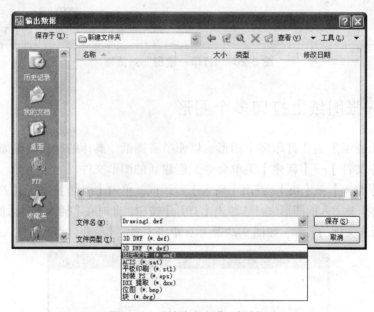

图 9-28 "输出数据"对话框

在AutoCAD中，可以将图形输出为以下几种格式的文件：

（1）图元文件：此格式以【wmf】为扩展名，将图形输出为图元文件，以供不同的Windows软件调用，图形在其他的软件中图元的特性不变。

（2）ACIS：此格式以【sat】为扩展名，将图像输出为实体对象文件。

（3）平版印刷：此格式以【sd】为扩展名，输出图形为实体对象立体画文件。

（4）封装PS：此格式以【eps】为扩展名，输出为PostScrip文件。

（5）DXX提取：此格式以【dxx】为扩展名，输出为属性抽取文件。

（6）位图：此格式以【bmp】为扩展名，输出为与设备无关的位图文件，可供图像处理软件调用。

（7）3D Studio：此格式以【3ds】为扩展名，输出为 3D Studio（MAX）软件可接受的格式文件。

（8）块：此格式以【dwg】为扩展名，输出为图形块文件，可提供不同版本 CAD 软件调用。

本章小结

本章主要介绍了打印图形的操作过程、页面大小设置、打印范围和输出比例以及输出为其他格式文件的方法等内容。通过本章的学习，对图形输出的设置应有一个比较清楚的认识，并能够将所绘制的图形按照要求输出到图纸上。

思考与练习题

1. 思考题

（1）模型空间、图纸空间、布局、视口的概念是什么？

（2）采用布局出图时，怎样确定出图的比例？

（3）打印先前绘制好的工程施工图形，试比较选择不同打印样式时打印效果有何区别。

2. 练习题

（1）将原来建立的样板文件，设置为有 A0、A1、A2、A3、A4 五个布局的样板文件，并选择一个输出设备，设置页面。

（2）画出如图 9-29 所示的建筑图,设置打印样式并打印,对厨房、卫生间等部分，单独另外作出，在图纸布局中，主建筑图按 1∶100 的比例，而厨房、卫生间等部分按 1∶50 输出。

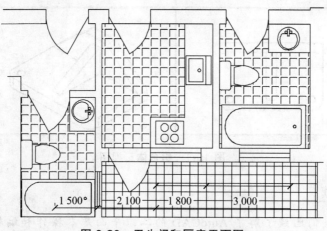

图 9-29　卫生间和厨房平面图

第10章 三维绘图与实体造型

知识目标

- 掌握坐标系 UCS。
- 掌握三维绘图基本命令，三维图形的编辑和渲染。
- 掌握布尔运算命令，能够通过布尔运算创建组合实体。

技能目标

通过一个组合体三维实体三视图的绘制（见图 10-1），实现以下能力目标：

- 熟悉三维实体绘制的基本思路。
- 掌握 AutoCAD 2010 三维基本绘图与修改操作。
- 巩固与复习所学知识技能，创建三维实体后，可以通过对三维实体进行移动、旋转、镜像、缩放、倒角等各种编辑操作来修改实体的形状，从而构造出所需的实体形状。

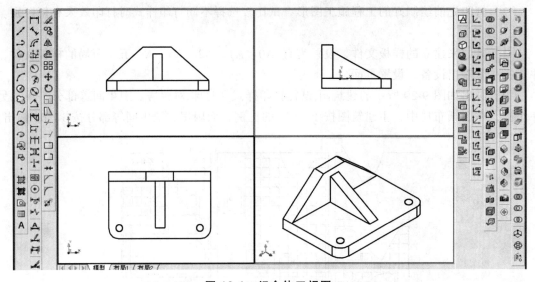

图 10-1 组合体三视图

学前导读

前面的章节我们已经了解了 AutoCAD 的二维平面基本操作和编辑知识，本章学习 AutoCAD 2010 基本三维绘图基本命令和三维图形的编辑和修改。掌握创建三维实体模型和房屋建模，可以对三维模型进行各种编辑，对表面模型和实体模型进行着色和渲染等操作。达到从技能训练中巩固已有知识、产生知识拓展的目的，寻求学习新知识的方法。

10.1　建立用户坐标系

10.1.1　用户坐标系（UCS）

用 AutoCAD 2010 绘制二维图形时，一般使用世界坐标系（WCS），对于绘制平面不变的二维图形来说，世界坐标系已经可以满足其要求。但对于三维图形，由于每个点都可能有互不相同的 X、Y、Z 坐标值，此时仍用原点和各坐标轴方向固定不变的世界坐标系，会给用户绘制三维图形带来很大的不便。如在二维图形上绘制一个圆是很容易的操作，但要在世界坐标系中在图 10-2 所示的长方体的任意某个面中绘制一个圆，则是很困难的操作，这时如果直接执行绘制命令，则往往得不到所需的结果。因此在 AutoCAD 三维状态中绘出的平面图形，总是在与当前坐标系 XY 平面平行的平面上。

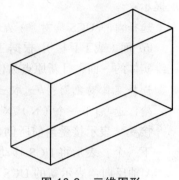

在 AutoCAD 中，可以根据用户的需求来制定坐标系，即用户坐标系（User Coordinate System，简称 UCS）。制定适合用户需要的坐标系，可以比较方便绘制用户所需的图形。

图 10-2　三维图形

10.1.2　用户坐标系的建立

建立用户坐标系可用如下方式：

命令：UCS。

工具栏：【UCS】及【UCS Ⅱ】相应按钮。

UCS 工具栏及 UCS Ⅱ 工具栏如图 10-3 所示。

启动 UCS 命令后，出现提示：

图 10-3　UCS 工具栏及 UCS Ⅱ
工具栏

输入选项[新建(N)/正交(G)/上一个(P)/保存(S)/删除(D)/应用(A)/?世界(W)]<世界>：

上述选项是 AutoCAD 对用户坐标系进行操作的全部方式，下面分别介绍（在新的用户坐标系统创建成功以前所输入的坐标值都是指原坐标系中的坐标值）：

（1）新建：创建新的用户坐标系统。

指定新 UCS 的原点或[Z 轴(ZA)/三点(3)/对象(OB)/面(F)/视图(V)/X/Y/Z]<0，0，0>：

① 指定新 UCS 的原点（或工具栏上）：缺省选项，为新的用户坐标系统指定新的原点，但 X、Y、Z 轴的方向不变。可用直接用鼠标在屏幕上选取一点作为新的原点；也可以键入 X、Y、Z 坐标值作为新的原点，如果只键入 X、Y 坐标值，则 Z 坐标值将保持不变。

② Z 轴（或工具栏上）：确定新的原点和 Z 轴的正方向（X 轴和 Y 轴方向不变）来创建新的 UCS。选择后出现提示：

指定新原点<0，0，0>：// 和前面"指定新 UCS 的原点"操作一样

在正 Z 轴范围上指定点<当前点坐标>：//输入或指定某一点，新原点和此点的连线方向为 Z 轴的正方向。直接按回车则新坐标系统的 Z 轴通过新原点且和原坐标系统的 Z 轴平行同向。

③ 三点（或工具栏上）：三点分别为新 UCS 的原点、X 轴上一点和 Y 轴上一点。然后出现提示：

指定新原点<0，0，0>：

在正 X 轴范围上指定点<当前点坐标>：//确定新 UCS 的 X 轴正方向上的任一点

在 UCS XY 平面的正 Y 轴范围上指定点（当前点坐标）：//确定新 UCS 上 Y 坐标值为正且在 XOY 平面上的一点

④ 对象（或工具栏上）：根据用户指定的对象来创建新的 UCS。新 UCS 与所选对象具有相同的 Z 轴方向，原点和 X 轴正方向由规则确定，Y 轴方向则由右手规则确定。选择后出现提示：

选择对齐 UCS 的对象：//选择用来确定新 UCS 的对象

⑤ 面（或工具栏）：根据三维实体表面创建新的 UCS。将新 UCS 的 XOY 平面对齐在所选三维实体的一面，且新原点为位于实体被选面且离拾取点最近的一个角点。选择后出现提示：

选择实体对象面：//选取三维实体的表面

输入选项[下一个（N）/X 轴反向（X）/Y 轴反方向（Y）]<接受>：

接受：表示接受当前所创建的 UCS。

下一个：表示将 UCS 移动到下一个相邻的表面或移动到所选面的后面。

X 轴反向：表示新的 UCS 绕 X 轴旋转 180°。

Y 轴反向：表示新的 UCS 绕 Y 轴旋转 180°。

⑥ 视图（或工具栏上）：选择后将新 UCS 的 XOY 平面设为当前视图平行，即是新的 UCS 平行于计算机屏幕，且 X 轴指向当前视图中的水平方向，原点保持不变。

⑦ X/Y/Z（或工具栏上）：将原 UCS 绕 X（或 Y 或 Z）轴旋转指定的角度生成新的 UCS。以 "X" 为例，选择后出现提示：

指定绕 X 轴的旋转角度<90>：//用户可在此提示符下输入旋转角度，正负值由右手规则确定（假象用右手握住轴，拇指方向就是正方向，弯曲手指的方向是该轴正向旋转角度的方向）

（2）移动（或 UCS 工具栏上）：移动当前坐标系统的原点或沿 Z 轴方向移动。选择后出现提示：

指定新原点或[Z 向深度(Z)]<0，0，0>：//用户确定新的坐标原点

输入 Z 后出现提示：

指向 Z 向深度<0>：//用户可以输入坐标原点沿 Z 轴方向移动的距离

（3）正交：在六个预设置的正交方式中选择一个，也就是在图形的上、下、前、后、左、右六个方向选择一个视图。键入 G 后出现提示：

输入选项[俯视(T)/仰视(B)/主视(F)/后视(BA)/左视(L)/右试(R)]<当前正交视图>：

（4）上一个（或工具栏上），选择后，将返回上一次的坐标系统，此命令最多可重复使用十次。

（5）恢复：选用命名保存过的 UCS，使其成为新的 UCS。

（6）保存：命名保存当前的 UCS 设置。

（7）删除：删除以前保存的用户坐标系统。

（8）应用（或工具栏上）：选择后出现提示：

拾取要应用当前 UCS 的视口或[所有(A)]<当前>：//用户确定是将当前 UCS 应用于指定视口，还是应用于所有视口

（9）？：列出当前图形文件中所有已命名的用户坐标系统。

（10）世界（或工具栏上）：此选项是默认项，将当前 UCS 重置成世界坐标系（WCS）。

10.2　创建基本三维实体模型

在前面所讲的三维曲面是空心的对象，是一个空壳，而用户经常需要对三维实体进行打孔、挖槽等布尔运算，形成更加复杂、具有实用价值的三维图形，这样就要求我们所创建的三维实体应该是实心的，而不仅仅是表面模型。

创建三维实体模型，可以利用 AutoCAD 2010 提供的三维基本实体模型，如长方体、球体、圆柱体、圆锥体、楔体和圆环体，这些实体可以通过相互"加""减"或"交"形成更复杂的三维实体，也可以使之旋转、拉伸、切削或倒角形成新实体。

创建三维实体可以从命令行直接输入命令，也可以使用菜单【绘图】【实体】，从弹出的子菜单中选取所需的三维实体，或者使用【实体】工具栏按钮，如图 10-4 所示。

图 10-4　【实体】工具栏

10.2.1　长方体（BOX）

创建长方体或正方体实体模型。启动长方体命令的方式：

命令：BOX。

菜单：【绘图】→【实体】→【长方体】。

使用本命令创建长方体实体有以下几种方法：

（1）指定长方体底面对角和高度

这是生成长方体的缺省方法。如：

指定长方体的角度或[中心点（CE）]<0，0，0>：//确定长方体的一个顶点

指定角点或[立方体（C）/长度（L）]：@150，100↙//确定长方体底面的对角点，由两个角点确定长方体的底面

指定高度：80↙//确定长方体的高度

则生成如图 10-5 所示的长方体（设置为东南等轴测视图）。

长方体的长、宽、高是分别平行于当前 UCS 的 X、Y、Z 轴的。长方体的长、宽、高可正可负，正值表示方向与坐标轴正方向相同，负值则表示方向与坐标轴负方向相同。

（2）指定长方体的对角顶点

指定长方体的角点或[中心点(CE)]<0，0，0>：//输入或在屏幕上指定长方体的一个顶点

指定角点或[立方体(C)/长度(L)]：@150，100，80//确定长方体的对角顶点

生成如图 10-5 所示的长方体。当第二个角点和第一个角点不在同一水平面上时，AutoCAD 会根据这两个角点和当前 UCS 确定长、宽、高从而生成长方体。

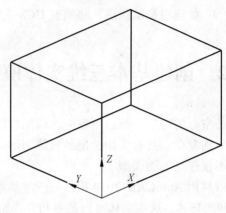

图 10-5　长方体

（3）指定长方体的长、宽、高

指定长方体的角点或[中心点(CE)]<0，0，0>：//输入或在屏幕上指定长方体的一个顶点

指定角点或[立方体(C)/长度(L)]：L↙

指定长度：150↙

指定宽度：100↙

指定高度：80↙

生成图 10-5 的长方体。当已知长方体的一个顶点和长、宽、高，可用这种方法生成长方体。

（4）指定底面中心点、角点和高度

指定长方体的角点或[中心点(CE)]<0，0，0>：CE↙

指定长方体的中心点<0，0，0>：// 输入或在屏幕上指定长方体底面的中心点

指定角点或[立方体(C)/长度(L)]：@75，50↙//输入或指定长方体底面的一个角点

指定高度：80↙

生成一个已知底面中心点，长为 150，宽为 100，高为 80 的长方体，如图 10-5 所示。

本命令还可以创建正方体，生成正方体的方法有两种，一种是已知正方体底面角点和长度，另一种是已知正方体底面中心点和长度，下面以已知角点和长度为例：

指定长方体的角点或[中心点(CE)]<0，0，0>：//输入或在屏幕上指定正方体的一个顶点

指定角点或[立方体(C)/长度(L)]：C↙//进入绘制正方体模式

指定长度：100↙//输入或指定正方体的长度

最后生成如图 10-6 所示的正方体。

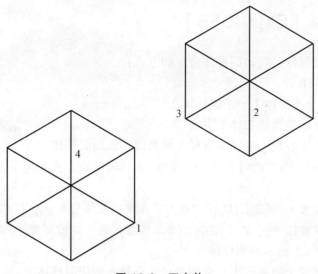

图 10-6   正方体

10.2.2   球体（SPHERE）

创建实心球体。启动球体命令的方式：

命令：SPHERE。

菜单：【绘图】→【实体】→【球体】。

启动绘制球体命令后，出现如下提示：

指定球体球心<0，0，0>：//输入或在屏幕上指定球体的球心

指定球体半径或[直径(D)]：//输入或指定球体的半径或直径

生成如图 10-7（a）所示的球体。变量 ISOLINES 是控制球体线框密度的，初始设置值为 4，其值越人，线框越密。变量 ISOLINES 对后面介绍的圆柱体、圆锥体、圆环等实体也有相同的影响。当把变量 ISOLINES 改成 10 后生成如图 10-7（b）所示球体。

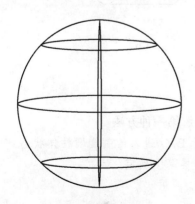
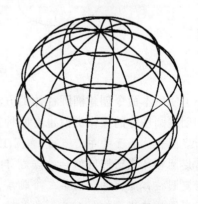

（a）ISOLINES 值为 4 时的球体   （b）ISOLINES 值为 10 时的球体

图 10-7   球体

10.2.3　圆柱体（CYLINDER）

创建圆柱体或椭圆体。启动圆柱体命令的方式：

命令：CYLINDER。

菜单：【绘图】→【实体】→【圆柱体】。

（1）使用本命令创建圆柱实体的方法

根据圆柱体底面中心点、半径（直径）和高度生成的圆柱体。

指定圆柱体底面的中心点或[椭圆（E）]<0，0，0>：//输入或在屏幕上指定圆柱体底面的中心点

指定圆柱体底面的半径[直径(D)]：//输入或指定圆柱体底面的半径或直径

指定圆柱体高度或[另一个圆心(C)]：//输入或指定圆柱体的高度

生成如图 10-8（a）所示的圆柱体。

（2）根据圆柱体两个端面的中心点和半径（直径）创建圆柱体

利用此方法，可以创建在任意方向放置的圆柱体。操作如下：

指定圆柱体底面的中心点或[椭圆(E)]<0，0，0>：//输入或在屏幕上指定圆柱体底面的中心点

指定圆柱体底面的半径[直径(D)]：//输入或指定圆柱体底面的半径或直径

指定圆柱体高度或[另一个圆心(C)]：C✓//进入指定圆柱体另一端面中心点模式

指定圆柱的另一个圆心：//指定圆柱的另一个圆心

则生成如图 10-8（b）所示的圆柱体。

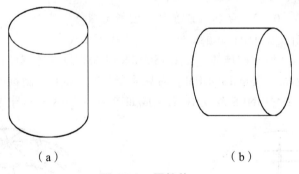

（a）　　　　　　　　　　　　　　　　（b）

图 10-8　圆柱体

（3）使用本命令创建椭圆柱体的方法

和创建圆柱体的操作类似也有两种方法，这里讲解第一种方法。

指定圆柱体底面的中心点或[椭圆(E)]<0，0，0>：E✓//进入绘制椭圆柱体状态

指定圆柱体底面椭圆的轴端点或 [中心点(C)]：//屏幕上确定一点

指定圆柱体底面椭圆的第二个轴端点：@200，0✓

指定圆柱体底面的另一个轴的长度：50✓

指定圆柱体高度或[另一个圆心(C)]：150✓//确定椭圆柱体的高度

10.2.4　圆锥体（CONE）

创建圆锥体或椭圆锥体。启动圆锥体命令的方式：

命令：CONE。

菜单：【绘图】→【实体】→【圆锥体】。

使用本命令创建圆锥体有两种方法：

（1）根据圆锥体底面中心点、半径（直径）和高度创建竖直的圆锥体。操作如下：

指定圆锥体底面的中心点或[椭圆(E)]<0，0，0>：//输入或在屏幕上指定圆锥体底面的中心点

指定圆锥体底面的半径[直径(D)]：50↙//输入或指定底面的半径或直径

指定圆锥体高度或[顶点(A)]：150↙//输入或指定圆锥体的高度，生成圆锥体的中心线与当前 UCS 的 Z 轴平行

选择合适的视点，得到如图 10-9（a）所示的圆锥体。

（2）根据圆锥体底面中心点、顶点和半径（直径）创建任意方位放置的圆锥体。利用此方法，可以创建在任意方位放置的圆锥体。操作如下：

指定圆锥体底面的中心点或[椭圆（E）]<0，0，0>：//输入或在屏幕上指定圆锥体底面的中心点

指定圆锥体底面的半径[直径（D）]：50↙//输入或指定底面的半径或直径

指定圆锥体高度或[顶点（A）]：A↙

指定顶点：@150，0↙//输入或指定圆锥体的顶点

选择合适的视点，得到如图 10-9（b）所示的中心线与 X 轴平行的圆锥体。

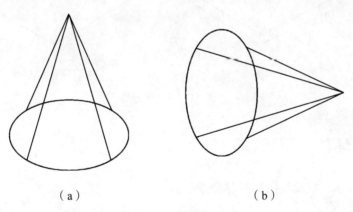

（a）　　　　　　　　　　　　（b）

图 10-9　圆锥体

10.2.5　楔形体（WEDGE）

启动绘制楔形体命令的方式：

命令：WEDGE。

菜单：【绘图】→【实体】→【楔体】。

根据楔体底面一个角点和长、宽、高创建楔形实体，如图10-10所示。

指定楔形体的第一个角点或[中心点(CE)]<0，0，0>：100，100↙//输入或在屏幕上指定楔形体底面的一个角点

指定角点或[立方体(C)/长度(L)]：L↙

指定长度：200↙

指定宽度：100↙

指定高度：50↙

选择合适的视点，得到楔形体。

楔形体的长、宽、高分别与当前 UCS 的 X、Y、Z 轴方向平行。楔形体的长度、宽度、高度既可以是正值，也可以是负值。输入正值时，沿相应坐标轴的正方向创建楔形体，输入负值则是沿坐标轴的负方向创建楔形体。

如果在提示指定角点或[立方体(C)/长度(L)]下输入"C"，则只需输入一个长度，AutoCAD就会创建一个等边楔形体，如图10-10（b）所示。

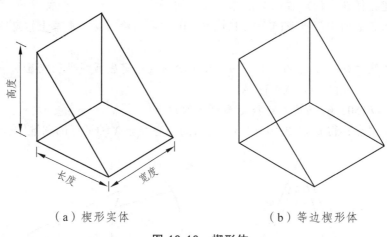

（a）楔形实体 　　　　　　　　　　　　（b）等边楔形体

图 10-10　楔形体

10.2.6　圆环体（TORUS）

创建圆环实体。启动绘制圆环体命令的方式：

命令：TORUS。

菜单：【绘图】→【实体】→【圆环体】。

启动绘制圆环体命令后，出现如下提示：

指定圆环体中心<0，0，0>：//输入或指定圆环体中心点的位置

指定圆环体半径或[直径（D）]：100↙//确定圆环的半径或直径

指定圆管半径或[直径（D）]：30↙//确定圆管的半径或直径

改变圆环体（ISOLINES=10），得到如图10-11所示的圆环体。

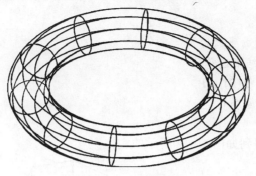

图 10-11　圆环体

10.2.7　拉伸生成实体（EXTRUDE）

拉伸生成实体是指通过将二维封闭对象按指定的高度或路径进行拉伸而创建的三维实体。用于拉伸的对象可以是圆、椭圆、二维多段线、样条曲线、面域等对象，但必须是封闭的。启动 EXTRUDE 命令的方式：

命令：EXTRUDE。

菜单：【绘图】→【实体】→【拉伸】。

使用本命令拉伸实体的方法如下：

（1）根据拉伸高度和倾斜角度生成实体

先启动正多边形命令绘制一个正四边形。再启动拉伸命令：

选择对象：找到 1 个// 选取绘制的四边形

选择对象：✓//回车结束选择

指定拉伸高度或[路径(P)]：100✓// 指定拉伸的高度

指定拉伸的倾斜角度<0>：✓//指定拉伸的倾斜角度，回车表示角度为 0

选取合适的视点，得到如图 10-12 所示的实体。如果在"指定拉伸的倾斜角度<0>"中输入一定的角度（如 15），则生成如图 10-13 所示的实体。

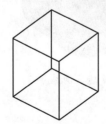 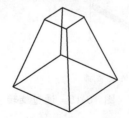 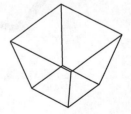

图 10-12　拉伸生成的实体　　　　　图 10-13　有倾斜角度的拉伸实体

当拉伸高度为正时，拉伸的方向与 Z 轴方向相同，如拉伸高度为负时，则拉伸方向与 Z 轴的负方向相同。倾斜角度允许的范围是 - 90°～ + 90°，为正值时是向内倾斜，为负值时是向外倾斜。要拉伸的对象必须有至少三个顶点，但少于 500 个顶点，对象也不能自交叉或重叠。

（2）根据指定路径生成实体

先绘制一个边长为 100 的正六边形，再绘制一条直线，起点为正六边形某一端点，终点为@0，0，100。

再启动拉伸命令：

选择对象：选择绘制的正六边形

选择对象：∠///回车结束选择

指定拉伸高度或 [路径(P)]：P∠

选择拉伸路径或 [倾斜角]：

选择直线

选择合适的视点，得到如图 10-14 所示的实体。

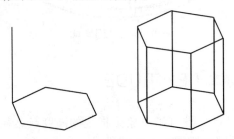

图 10-14　沿路径拉伸生成的实体

10.2.8　旋转（REVOLVE）

在 AutoCAD 中，可以使用【绘图】→【建模】→【旋转】命令（REVOLVE），将二维对象绕某一轴旋转生成实体。用于旋转的二维对象可以是封闭多段线、多边形、圆、椭圆、封闭样条曲线、圆环及封闭区域。三维对象、包含在块中的对象、有交叉或自干涉的多段线不能被旋转，而且每次只能旋转一个对象。

选择【绘图】→【建模】→【旋转】命令，并选择需要旋转的二维对象后，通过指定两个端点来确定旋转轴，如图 10-15 所示。

（a）旋转对象及旋转轴

（b）旋转后的结果

图 10-15　通过旋转创建实体

（1）先用 Pline、Line 命令绘制左图所示的多段线和直线。

（2）设置线框密度 ISOLINES 为 30。

（3）启动旋转命令：

选择对象：选取多线段

选择对象：∠结束选择

指定旋转轴的起点或定义轴依照 [对象(O)/X 轴(X)/Y 轴(Y)]：选取左边直线的一个端点

指定轴端点：选取另一个端点

指定旋转角度 <360>：∠

10.2.9　通过扫掠创建实体

在 AutoCAD 2010 中，选择新增的【绘图】→【建模】→【扫掠】命令（SWEEP），可以绘制网格面或三维实体。如果要扫掠的对象不是封闭的图形，那么使用【扫掠】命令后得到的是网格面，否则得到的是三维实体，如图 10-16 所示。

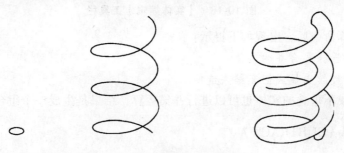

图 10-16　通过扫掠创建实体

10.2.10　通过放样创建实体

在 AutoCAD 2010 中，选择新增的【绘图】→【建模】→【放样】命令，可以将二维图形放样成实体，如图 10-17 所示。

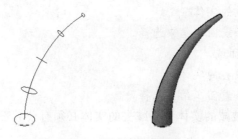

图 10-17　通过放样创建实体

10.3　三维图形编辑

10.3.1　三维实体布尔运算

在用户实际绘图过程中，复杂实体往往不能一次生成，一般都要由相对简单的实体通过布尔运算组合而成。布尔运算就是对多个三维实体进行求并、求差或求交的运算，使它们进行组合，最终形成用户需要的实体，当然，这些操作对面域也能运行。

1.　并集运算（UNION）

并集运算是将多个实体组合成一个实体。启动并集运算命令的方式：

命令：UNION（或 UNI）。

菜单：【修改】→【实体编辑】→【并集】。

实体编辑工具栏如图 10-18 所示。

图 10-18　【实体编辑】工具栏

启动并集运算命令后，出现如下提示：

选择对象：//选择要合并的实体

选择对象：//继续选择或回车结束选择

对于不接触或不重叠的实体也可以进行并集运算，结果是生成一个组合实体。

2. 差集运算（SUBTRACT）

差集运算就是从一些实体中减去另一些实体，从而得到一个新的实体。启动差集运算命令的方式：

命令：SUBTRACT（或 SU）。

菜单：【修改】→【实体编辑】→【差集】。

启动差集运算命令后，出现提示：

选择要从中减去的实体或面域……

选择对象：//选择被减的实体

选择对象：//继续选择或回车结束选择

选择要减去的实体或面域

选择对象：//选择要减去的实体

选择对象：//继续选择或回车结束选择

在差集运算中，作为被减的实体和要减去的实体必须有公共部分，否则被减的实体不变，要减去的实体消失。

3. 交集运算（INTERSECT）

交集运算就是得到参与运算的多个实体的公共部分而形成一个新实体，而每个实体的非公共部分将会被删除。启动交集运算命令的方式：

命令：INTERSECT（或 IN）。

菜单：【修改】→【实体编辑】→【交集】。

启动并集运算命令后，出现提示：

选择对象：//选择要交集运算的实体

选择对象：//继续选择或回车结束选择

进行交集运算的各个实体必须有公共部分，否则提示运算错误。

图 10-19 所示为绘制相交的一个长方体和一个圆柱体，分别进行并集、差集、交集运算，所得到的不同结果。

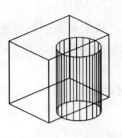 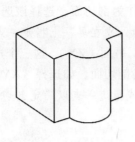 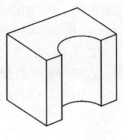 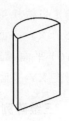

（a）两布尔运算对象　　（b）求并运算　　　（c）求差运算　　　（d）求交运算

图 10-19　并集、差集、交集运算的结果

10.3.2　三维实体编辑命令

实际生活中的实体往往比较复杂，绘制好基本轮廓后还需要对其进行修改，才能完成三维图形的绘制。

1. 剖切实体

利用 AutoCAD 2010 提供的剖切命令，用户可以方便地根据需要将实体切成两部分，或绘制出实体的切割剖面图。三维实体的剖切有两种形式：一是将三维实体剖切成两部分，用户可以保留其中的一部分，也可以全部保留；二也是将三维实体进行剖切，但实体还是一个整体，只是沿剖切平面生成一个剖面图。

剖切实体，启动剖切命令的方式：

命令：SLICE（或 SL）。

菜单：【绘图】→【实体】→【剖切】。

工具栏：【实体编辑】。

启动剖切命令后出现提示：

选择对象：//选择要被剖切的实体

选择对象：//继续选择或回车结束选择

指定切面上的第一个点，依照【对象(O)/Z 轴(Z)/视图(V)/XY 平面(XY)/YZ 平面(YZ)/ZX 平面(ZX)/三点(3)】<三点>：//可以用多种方式来确定剖切平面

在要保留的一侧指定点或【保留两侧(B)】：//在剖切平面的一侧选取一点，则位于该侧的那部分被保留，另一部分被删除；选择"保留两侧（B）"则保留被切开的两部分实体

（1）三点：是缺省项，表示通过指定三点来确定剖切面。

（2）对象：将指定对象所在的平面作为剖切面。选择该选项后出现提示：

选择圆、椭圆、圆弧、二维样条曲线或二维多线段：//选择一个二维图形作为剖切面

（3）Z轴：通过确定剖切面上的任一点和垂直于该剖切面的直线上的任一点来确定剖切面。选择该选项后出现提示：

指定剖面上的点：//指定剖切面上的一点

指定平面 Z 轴（法向）上的点：//指定一点，该点和剖切面上指定的点的连线垂直于剖切面

（4）视图：将与当前视图平面平行的平面作为剖切面。选择该选项后出现提示：

指定当前视图平面上的点〈0，0，0〉：//输入或在屏幕上指定一点以确定剖切面的位置

（5）XY 平面（XY）/YZ 平面（YZ）/ZX 平面（ZX）：这三个选项分别将于当前 UCS 下的 *XOY* 平面、*YOZ* 平面、*ZOX* 平面平行作为剖切面。如选择"XY 平面"出现提示：

指定 XY 平面上的点<0，0，0>：//输入或指定一点以确定剖切面的位置

2. 三维阵列

三维阵列是将指定的对象在三维空间进行阵列。它不但在 *X*、*Y* 方向上实现阵列，而且在 *Z* 方向也有相应的阵列数。启动三维阵列命令的方式：

命令：3DARRAY。

菜单：【修改】→【三维操作】→【三维阵列】。

启动三维阵列命令后，出现如下提示：

命令：__3darray

选择对象：//选择要进行阵列的对象

输入阵列类型【矩形(R)/环形(P)】<矩形>

用户可选择要进行矩形阵列还是进行环形阵列，如选择矩形阵列，出现如下提示：

输入行数（...）<1>：//输入需要进行阵列的行数

输入列数（||||）<1>：//输入需要进行阵列的列数

输入层数（…）<1>：//输入需要进行阵列的层数

指定行间距（...）：//确定行与行之间的距离

指定列间距（||||）：//确定列与列之间的距离

指定层间距（…）：//确定层与层之间的距离

矩形阵列中的行、列、层是分别沿着当前 UCS 的 *X*、*Y*、*Z* 轴方向，当提示输入某方向的间距值时，用户可以输入正值，也可以输入负值，正值是沿相应坐标轴的正方向阵列，负值则沿负方向阵列。

如选择环形阵列，出现如下提示：

输入阵列中的项目数目：//输入要生成阵列的个数

指定要填充的角度（＋=逆时针，－=顺时针<360>：//确定要阵列的角度

旋转阵列对象？【是（Y）/否（N）】<是>：//旋转阵列是否要旋转视图

指定阵列的中心点：//确定阵列旋转轴的一个端点

指定旋转轴上的第二点：//确定阵列旋转轴的另一个端点

对实体体进行阵列：

命令：__3darray

选择对象：指定对角点：找到 1 个//指定实体

输入阵列类型【矩形（R）/环形（P）】<矩形>：✓

输入行数（...）<1>：3✓

输入列数（||||）<1>：4✓

输入层数（…）<1>：1✓

指定行间距（...）：80✓确定阵列的行间距

指定列间距（...）：80↙确定阵列的列间距

指定层间距（...）：80↙确定阵列的层间距

图 10-20 所示为矩形列和环形阵列实体。

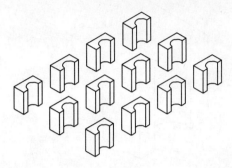 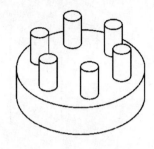

（a）矩形阵列　　　　　　　　　　　　（b）环形阵列

图 10-20　阵列图形

3. 三维镜像

如图 10-21 所示，三维镜像是让三维实体在三维空间相对于某一平面产生一个镜像。启动三维镜像命令的方式：

命令：MIRROR3D。

菜单：【修改】→【三维操作】→【三维镜像】。

启动三维镜像命令后，出现如下提示：

选择对象：//确定产生镜像的实体

指定镜像平面(三点)的第一个点或【对象(O)/最近的(L)/Z 轴(Z)/视图(V)/XY 平面(XY)/YZ 平面(YZ)/直线】/三点(3)】<三点>：//用户可以选择不同的方式来确定镜像平面

是否删除源对象？【是（Y）/否（N）】<否>：//确定是否要保留产生镜像的源对象

（1）三点：是缺省项，通过输入或指定三点来确定镜像平面。

（2）对象：指定一个二维图形作为镜像平面。二维图形可以是圆、圆弧或二维多段线。选择该选项后出现提示：

选择圆、圆弧或二维多段线线段：//选择作为镜像平面的二维图形

（3）最近的：把本图形文件中最近一次指定的镜像平面作为本次命令的镜像平面。如本次操作是第一次，则本选项无效。

（4）Z 轴：通过指定镜像平面上一点和该平面法线上的一点来定义镜像平面。

选择该选项后出现提示：

在镜像平面上指定点：//确定法线与镜像平面的交点

在镜像平面的 Z 轴（法向）上指定点：//输入或指定法线的另外一点以确定法线

（5）视图：以和当前视图平行作为镜像平面。选择该选项后出现提示：

在视图平面上指定点<0, 0, 0>：//输入或指定镜像平面上的任一点，通过该点且和视图平行的平面即为镜像面

（6）XY 平面/YZ 平面/ZX 平面：此三项分别表示用和当前 UCS 的 XY、YZ、ZX 平面平行的平面作为镜像平面。如选取"XY 平面"选项后出现提示：

指定 XY 平面上的点<0，0，0>：//输入或指定镜像平面上的任一点，通过该点且和 XY 平面平行的面即为镜像面

 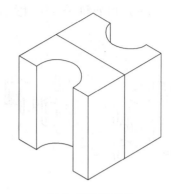

（a）镜像前实体　　　　　　　　　　　（b）镜像后实体

图 10-21　镜像复制实体

4. 三维旋转（ROTATE3D）

如图 10-22 所示，三维旋转是将三维对象在空间绕指定轴选择指定的角度。启动三维旋转命令的方式：

命令：ROTATE3D。

菜单：【修改】→【三维操作】→【三维旋转】。

启动三维镜像命令后，出现如下提示：

选择对象：//选择需要旋转的实体

指定轴上的第一个点或定义轴依据【对象(O)/最近的(L)/实体(V)/X 轴(X)/Y 轴(Y)/Z 轴(Z)/两点(2)】：//用户可以用不同的方式确定旋转轴

指定旋转角度或【参照(R)】：//输入或指定实体的旋转角度，也可以通过参照方式来确定旋转角

（1）二点：为缺省项，通过输入或指定两点来确定旋转轴。

（2）对象：指定一个二维对象来确定旋转轴。选择该选项后出现提示：

旋转直线、圆、圆弧或二维多段线线段：//指定旋转轴

可作旋转轴的二维对象可以是直线、圆、圆弧和二维多段线。如果旋转直线段，AutoCAD 将该直线段当作旋转轴；如果选择圆或圆弧，则通过它们圆心且和二维对象垂直的轴线将成为旋转轴；如果选择多线段，则当多线段是直线时以此直线为旋转轴；当多线段是圆弧时，则依照圆弧来确定旋转轴。

（3）最近的：以上一次执行三维旋转命令时的旋转轴为旋转轴。

（4）视图：绕与当前视图平面垂直的轴（即当前视图的视点方向）旋转。选择该选项后出现提示：

指定视图方向轴上的点<0，0，0>：//输入或指定一点以确定旋转轴

（5）X 轴/Y 轴/Z 轴：指绕与当前 UCS 的 X 轴/Y 轴/Z 轴平行的轴旋转。如选择该选项啊出现如下提示：

指定 X 轴上的点<0，0，0>：//输入或指定一点以确定旋转轴

5. 对齐（ALIGN）

对齐是指通过移动并缩放指定对象使其与另一对象基于一些特殊点对齐位置。

启动对齐命令的方式：

命令：ALIGN。

菜单：【修改】→【三维操作】→【对齐】。

启动对齐命苦后，出现如下提示：

选择对象：//选要改变位置的实体，即源实体

指定第一个源点：//指定源实体上的第一个对齐点

指定第一个目标点：//指定目标实体上和第一个源点相对应的第一个目标点

指定第二个源点：//回车结束目标实体上和第一个源点相对应的第一个目标点

指定第二个目标点：//指定目标实体上第二个目标点

指定第三个源点或＜继续＞：//回车结束命令或指定源实体上的第三个对齐点

指定第三个目标点：//指定目标实体上第三个目标点

是否基于对齐点缩放对象？【是（Y）/否（N）】＜否＞：//确定是否要根据源点和目标点的对应位置来对源实体进行缩放

对齐命令最多可以选择三对对应点。如果选择一对对应点，则相当点移动。如果选择二对对应点，则相当点移动和缩放命令的结合。如果选择三对对应点，则相当点移动、缩放和缩放命令的结合。

（a）【三维旋转】操作前效果　　（b）【三维旋转】操作出现三维球　　（c）【三维旋转】操作后效果

图 10-22　三维实体旋转

10.3.3　消　隐

消隐是在屏幕上隐藏实际存在却被遮挡住的线条。经过消隐后，三维实体更加接近用户现实当中看到的模型。

启动消隐命令的方式：

命令：HIDE（或 HID）。

菜单：【视图】→【消隐】。

消隐后某些线条看不见，并不是被删除了，而是被隐藏起来了。因为消隐时要对图形进行再生，因此图形越复杂，消隐所用的时间就越长。图 10-23 所示为实体消隐前后的效果对比。

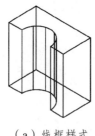
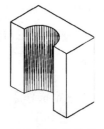

（a）线框样式　　　　　　　　（b）消隐后效果

图 10-23　消隐前后的效果对比

10.3.4　着　色

着色就是对三维实体的表面进行着色。启动着色命令的方式：

命令：SHADEMODE（或 SHA）。

菜单：【视图】→【着色】→【相关命令】。

工具栏：【着色】→【相应按钮】。

启动着色命令后出现如下提示：

输入选项[二维线框(2D)/三维线框(3D)/消隐(H)/平面着色(F)/体着色(G)/带边框平面着色(L)/带边框体着色(O)]<平面着色>：//用户选择着色的类型

（1）二维线框：用直线、曲线以二维形式显示三维实体，当前 UCS 图标以二维方式显示。

（2）三维线框：显示实体的三维线框模型，当前 UCS 图标以三维方式显示。

（3）消隐：和消隐命令的功能一样。

（4）平面着色：对实体的平面进行着色，未对平面边界作光滑处理，实体的平面缺乏光泽感。

（5）体着色：对实体的平面着色的同时还对它们的边界作光滑处理，使得各表面间过度平缓，增强真实感。

（6）带边框平面着色：在进行平面着色的同时显示三维线框。

（7）带边框体着色：在进行体着色的同时显示三维线框。

图 10-24 所示为对实体进行平面着色和体着色后的效果对比。

图 10-24　实体进行平面着色和体着色后的效果对比

10.3.5　动态观察

在 AutoCAD 2010 中，选择【视图】→【动态观察】命令中的子命令，可以动态观察视图，如图 10-25 所示。

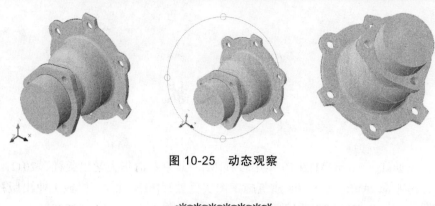

图 10-25　动态观察

本章小结

在 AutoCAD 中，可以根据用户的需求来制定坐标系统，制定适合用户需要的坐标系统，可以比较方便绘制用户所需的图形。创建三维实体模型，可以利用 AutoCAD 2010 提供的三维基本实体模型，如长方体、球体、圆柱体、圆锥体、楔体和圆环体，这些实体可以通过相互"加""减"或"交"形成更复杂的三维实体，也可以使之旋转、拉伸、切削或倒角形成新的实体。实际生活中的实体往往比较复杂，绘制好基本轮廓后还需要对其进行修改，才能完成三维图形的绘制。

思考与练习题

按图 10-26 所示尺寸绘制三维图形，练习实体模型的创建，并绘制多视口组合体，最终绘图结果如图 10-1 所示。

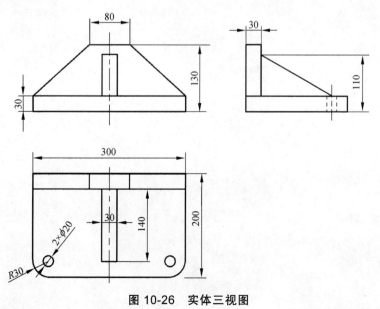

图 10-26　实体三视图

参考文献

[1] 王征，王仙红．AutoCAD2010 实用教程[M]．北京：清华大学出版社，2011.

[2] 黄琴，黄浩等．AutoCAD2008 建筑施工图实例教程[M]．北京：机械工业出版社，2009.

[3] 邱会朋．AutoCAD2008 应用教程[M]．北京：清华大学出版社，2009.

[4] 张立明，严志刚．AutoCAD 2008 道桥制图[M]．北京：人民交通出版社，2010.

[5] 郑益民．桥梁工程 CAD[M]．北京：清华大学出版社，2010.

[6] 王磊，郭景全．道路 CAD[M]．北京：中国电力出版社，2010.

[7] 张渝生．土建 CAD 教程[M]．2 版．北京：中国建筑工业出版社，2010.

[8] 汪琪美，霍新民．AutoCAD2005 建筑施工图绘制[M]．北京：电子工业出版社，2006.